U0803442

寻找暗物质

打开认识宇宙的另一扇门

中国科学院国家空间科学中心
中国科学院紫金山天文台　编著
新华社对外部中国特稿社

科学出版社
北京

内 容 简 介

暗物质究竟是一种怎样的神奇存在？为什么要寻找暗物质？暗物质有哪些探测方法？暗物质粒子探测卫星是通过什么方式寻找宇宙中失踪物质的踪迹？

寻找暗物质，就像是和幽灵捉迷藏。本书将带领读者跟随中国暗物质探测卫星“悟空”飞向太空深处，走进暗物质的神秘世界。大家还会惊奇地发现，在我们生活的这颗尘埃环绕的蓝色星球上，有一群常年致力于捕捉暗物质的“科学刀客”，他们怀着对隐秘宇宙的浓厚好奇，思考着、忙碌着、快乐着，为的就是破解宇宙的黑暗之谜，解开宇宙构成的终极难题。

图书在版编目(CIP)数据

寻找暗物质：打开认识宇宙的另一扇门 / 中国科学院国家空间科学中心，中国科学院紫金山天文台，新华社对外部中国特稿社编著. —北京：科学出版社，2016

ISBN 978-7-03-049040-7

Ⅰ.①寻… Ⅱ.①中… ②中… ③新… Ⅲ.①暗物质－研究 Ⅳ.①P145.9

中国版本图书馆CIP数据核字（2016）第140527号

责任编辑：侯俊琳 田慧莹 崔慧娴 李橙媛 / 责任校对：蒋 萍
责任印制：吴兆东 / 封面设计：有道文化
版式设计：北京美光设计制版有限公司

科学出版社 出版
北京东黄城根北街 16 号
邮政编码：100717
http://www.sciencep.com

北京中科印刷有限公司印刷
科学出版社发行 各地新华书店经销
*
2016年 7 月第 一 版 开本：720 × 1000 1/16
2025年 7 月第九次印刷 印张：6
字数：120 000

定价：38.00元

（如有印装质量问题，我社负责调换）

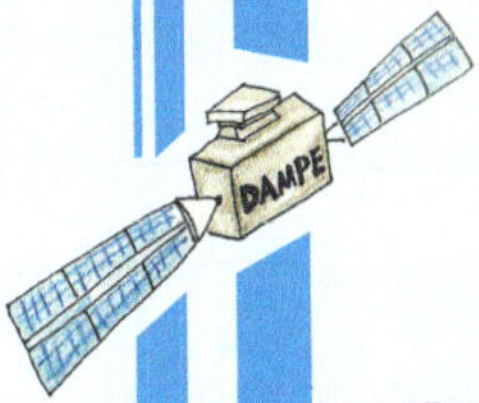

序 Preface

“四方上下曰宇，古往今来曰宙”。从古至今，人类对宇宙苍穹、浩瀚星海的思考与探索从未停歇。爱因斯坦曾说过：“未来科学的发展无非是继续向宏观世界和微观世界进军。”而空间科学恰好同时占据了自然科学宏观世界和微观世界的前沿，开展的正是大到宇宙天体、小到极端条件下原子与分子运动规律的探索。

基础研究是科学之本、技术之源。空间科学利用航天器平台在太空中开展科学研究，正是基础研究的重要前沿阵地。空间科学不仅能够探索太空奥秘、拓展人类认知能力、为人类知识体系贡献原始创新，还能够促进空间技术创新、服务国家需求、实现和平利用太空，是提升大国地位的重要战略制高点。

中国科学院空间科学先导专项是我国迄今为止最大规模的科学卫星系列计划，也是我国首次以重大基础科学发现为主要目标的科学卫星系列计划。暗物质粒子探测卫星作为中国科学卫星系列的首发星，意义非凡，它标志着人类在探索宇宙奥秘的进程中又迈出了重要一步。

经过百年，人类对物质世界的认识又一次处在了十字关口，而暗物质是一个非常关键的突破口。暗物质之所以被称为“暗”，是因为我们对它——这个比我们能够看见的物质还要多4倍的神秘物质还知之甚少，目前还只能通过引力作用进行推算。揭开暗物质之谜将是继日心说、万有引力定律、相对论及量子力学之后，基础科学领域的又一次重大飞跃。

暗物质粒子探测卫星借助其在粒子能谱、粒子分辨能力、粒子到达方向的判别精度上国际领先的探测能力，绘制来自宇宙的及高能的粒子的能谱图和相应的空间分布图，判断是否存在由于暗物质粒子碰撞湮灭后转化成的极高能明物质粒子，并绘制其能谱曲线和判断其主要来自宇宙中哪些方向。通过这些现象，分析判断暗物质在宇宙中的分布甚至对其组成进行分析，从而探索“不可见宇宙”如何影响银河系和宇宙的过去、现在和未来，了解宇宙的起源和结构。

除暗物质卫星外，空间科学先导专项中首批立项和研制的卫星还包括：“实践十号”返回式科学实验卫星、量子科学实验卫星和硬X射线望远镜卫星。此外，我们为未来5到10年的空间科学卫星也做好了准备，计划在未来5年再研制并发射5颗新的科学卫星，实现空间科学卫星系列的稳定可持续发展，实现中国空间科技创新能力从“跟踪”为主向“并行”和“领跑”转变，让中国人为人类的知识创新做出重要贡献。

吴　季

2016年5月

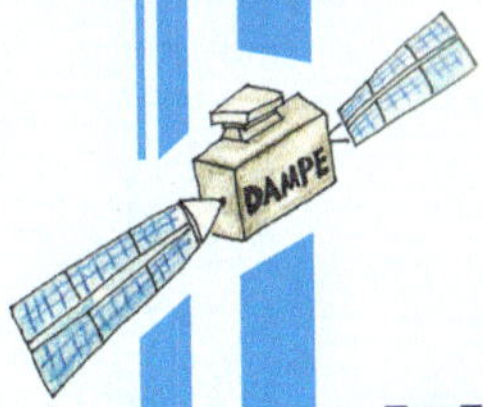

前言 Forward

2015年11月的一天，我接到中国科学院国家空间科学中心综合办公室的电话，问我能否为即将发射的暗物质粒子探测卫星写一本科普小书，我感到很兴奋。中国科学院空间科学先导专项是中国真正以科学为目标的空间探索计划，而暗物质粒子探测卫星是空间科学先导专项的首发星，又是去寻找神秘莫测的暗物质，我为有如此重要意义的太空探索而着迷，就爽快地答应了。

我所供职的新华社对外部中国特稿社主要从事深度报道，历史上非常重视科学报道，曾经为*Science*等国际顶级专业期刊供稿。很可惜，因为种种原因，这一业务中断了许多年。我本人刚刚工作时，曾经做过一段时间科技记者，一直对科技新闻很有感情，从2015年开始回归专攻科技报道。我觉得编写这本科普小册子对于中国特稿社的报道业务会很有好处，我们可以做更深入的采访，积累更丰富翔实的新闻报道素材。

为了能给本书以及我们的新闻报道积累更多的素材，我在卫星发射前半个月就到了酒泉发射基地。我的首要采访对象就是暗物质卫星首席科学家常进。试着找了几次常首席，他很客气地说欢迎，但就是没有答应接受采访。我很理解，科学家在那种情况下一定满脑子想的都是怎样保证卫星发射成功，没有时间和心情接受采访。但后来常首席得知我们还承担了科普书的编写任务，而且遇到了很大困难，就立即把自己写的文章发给我，并答应给我作科普。

我看到了科学家的为人。常首席为暗物质卫星所付出的已经远远超过科学家的职责。他并不怎么谈自己，我当时虽然没有听到我想要的故事，却从幽默、低调的首席身上学到了很多：执着追求，实在做事。

本书主要包含四个方面的内容：第一部分介绍中国和西方的宇宙观发展历程，牛顿、爱因斯坦、哈勃等如何逐渐改变人们对宇宙的认识，直至人们意识到宇宙中还存在看不见的暗物质；第二部分主要讲述人类的航天发展史以及为何要到太空中去开展科学探测和研究；第三部分重在科普，包括暗物质是怎么回事、科学家对暗物质已经有了哪些认识、探测暗物质的几种方法、中国暗物质粒子探测卫星的情况。在暗物质粒子探测卫星成功发射后，我们又增加了关于暗物质卫星“悟空”名字的由来、发射现场特写以及暗物质卫星科学家的故事等内容。

我们为能够见证和记录中国科学家在暗物质探索方面所做的创新和努力而感到幸运，也衷心祝愿中国的科学家们能早日解开这一宇宙巨大谜团，为人类贡献中国的智慧。

在此，特别感谢中国科学院国家空间科学中心对我们的信任；感谢吴季主任对本书的指导；感谢范全林主任的鼓励，在我想打退堂鼓的时候依然相信我们能做到；感谢美丽又心细的李橙媛精心编辑；感谢常首席以及他带领的紫金山天文台科学应用团队的帮助和鼓励；感谢中国航天科技集团八院“长征二号丁”运载火箭团队，是他们将“悟空”安全精准地送到预定轨道，也是由于“长征二号丁”总指挥谈学军，我得以在卫星被盖上整流罩前，亲眼看到了卫星；感谢新华社对外部的领导特批我到酒泉基地进行长达半个月的采访；感谢对外部副主任韩松老师在卫星发射当天亲临现场指导，并执笔写出既生动又立意高远的现场特写；感谢中国特稿社领导和同事的支持，能让我们在繁忙的新闻报道中抽出时间来编写此书；感谢编写团队小伙伴们的辛勤付出，我们合作十分愉快。

由于作者并非物理或天文专业人士，书中难免存在疏漏和错误，敬请读者批评指正。

喻 菲

2016年5月

目录 Contents

03 到太空寻找暗物质!

04 暗物质粒子探测卫星

05 5 4 3 2 1，点火!

01 人类如何认识宇宙？

文明的曙光刚刚开始显现。我们的祖先坐在篝火旁，仰望满天星斗。相比今天总是盯着手机或电脑的我们，古人更接近宇宙。日月星辰的运转提示他们何时播下种子、何时收获果实……从那时起，他们就开始从繁星间寻找意义。

图 1-1　原始人坐在篝火旁仰望星空

悠久的天文观测

作为世界上天文学发展最早的国家之一，中国在四千多年前就有文字星象记载。先民们通过对日月等天象的观察来确定时间、方向和历法。

中国传统天象观测多应用于农业。从事农艺耕种、繁殖牲畜等，需要人们掌握季节的更替。先民通过长期观察动物蛰伏、候鸟迁徙、植物枯荣等，发现了季节变化的规律。

在注意到天象与昼夜、寒暑、四季等密切关系的基础上，先民们产生了“天人感应”的观念，认为天象可以预测个人的吉凶祸福或事件的成败。古代统治者都自认为是天子，受天命而君临天下。他们希望能够通过天象观测而预知自己和国家的命运。

中国古人留下了世界上最早的关于太阳黑子、彗星、日食、客星（新星或超新星）的记录。尽管以现代科技来看，这些记录并不够精确，但在几百年甚至上千年前已是难得，其中一些在今天仍具有研究价值。

公元前28年（西汉成帝河平元年），中国就有了关于太阳黑子的记录，而欧洲直到公元807年才有最早的黑子记事。世界上关于哈雷彗星的最早记录见于《春秋》：“鲁文公十四年（注：公元前613年）秋七月，有星孛于北斗。”后来，《史记·六国表》中又记载道：“秦厉共公十年（注：公元前467年）彗星见。”这

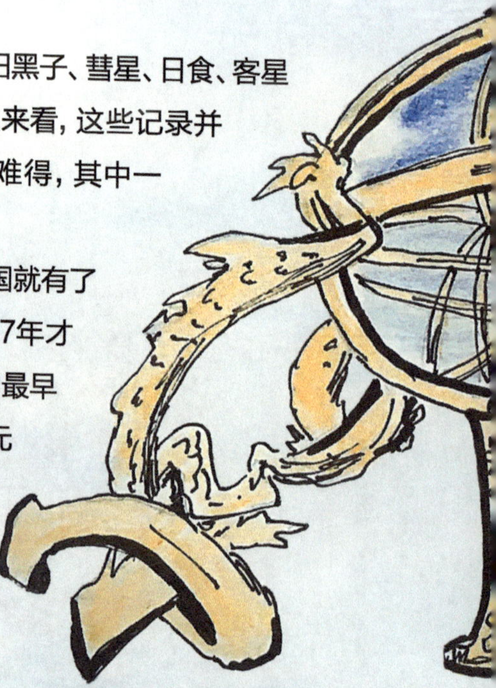

是人类对哈雷彗星回归最早的两次观测记录。而一般认为，西方直到公元66年才出现关于哈雷彗星的记载。从公元前240年到公元1910年，中国有超过500次有关彗星的记录，其中哈雷彗星的28次回归均得到详细记载，还首次指出彗星彗尾总是背向太阳。

图 1-2b　我国古人观象发明了日晷

在中国殷代甲骨文中，就已有新星的记载，堪称世界上最早的新星记录。从殷代至公元1700年，中国记录了约90颗新星和超新星，其中最引人注意的要算宋仁宗至和元年（公元1054年）位于金牛星座附近的超新星爆发。这颗超新星爆发被确认为是“蟹状星云”的前身。

随着天象观测资料的积累和思维的发展，中国古人开始思考天地是怎样形成的？又是由什么组成的？天地会不断演变还是亘古不变？宇宙是有限还是无穷……

战国时期的尸佼曾说：“四方上下曰宇，往古来今曰宙。”（《尸子》）这就是说，东南西北上下为“宇”，过去、现在和将来为“宙”。与尸佼同期出现的《墨经》的见解则更进一步：“宇，弥异所也；久，弥异时也。”它认为，“宇”包括所有不同的场所，“宙”包括所有不同的时代。这其实就包含了无限时空的初步认识。

唐代的柳宗元在《天对》中对空间无限性问题做了更加精辟的论述：“无青无黄，无赤无黑，无中无旁，乌际乎天则？”在他看来，天没有所谓的中心。到了元明时期，出现了无穷的天体系统的观念，将人们对宇宙无限性的认识进一步提升。

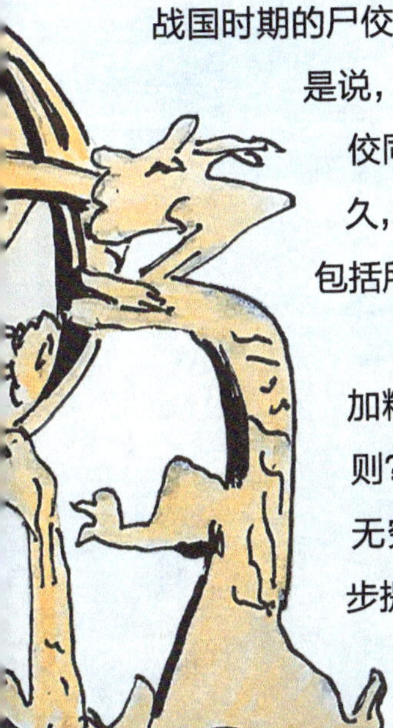
图 1-2a　我国古人观象发明了浑天仪

从地心说到日心说

古希腊人发现，发生月食时，地球投射到月球上的影子始终是圆的，而且，在南方看到的北极星出现在天空的位置比在北方看到的位置低。根据这两个证据，亚里士多德在公元前340年证明地球是一个圆球。亚里士多德深信，地球位于宇宙的中心。

公元 2世纪，古希腊天文学家托勒密形成了一种完整的宇宙模型。他认为地球位于中心，周围有八大天球，分别承载了月球、太阳、恒星以及当时所知的五颗行星。基督教教会接纳了托勒密的模型，因为它与《圣经》的记载相符。

然而，波兰教士哥白尼在1514年提出了一种更为简单的模型，他认为太阳位于中心且静止不动，地球和其他行星都绕着太阳在圆轨道上运动。

过了差不多一个世纪后，人们才开始接受哥白

图 1-3　行星绕着太阳转

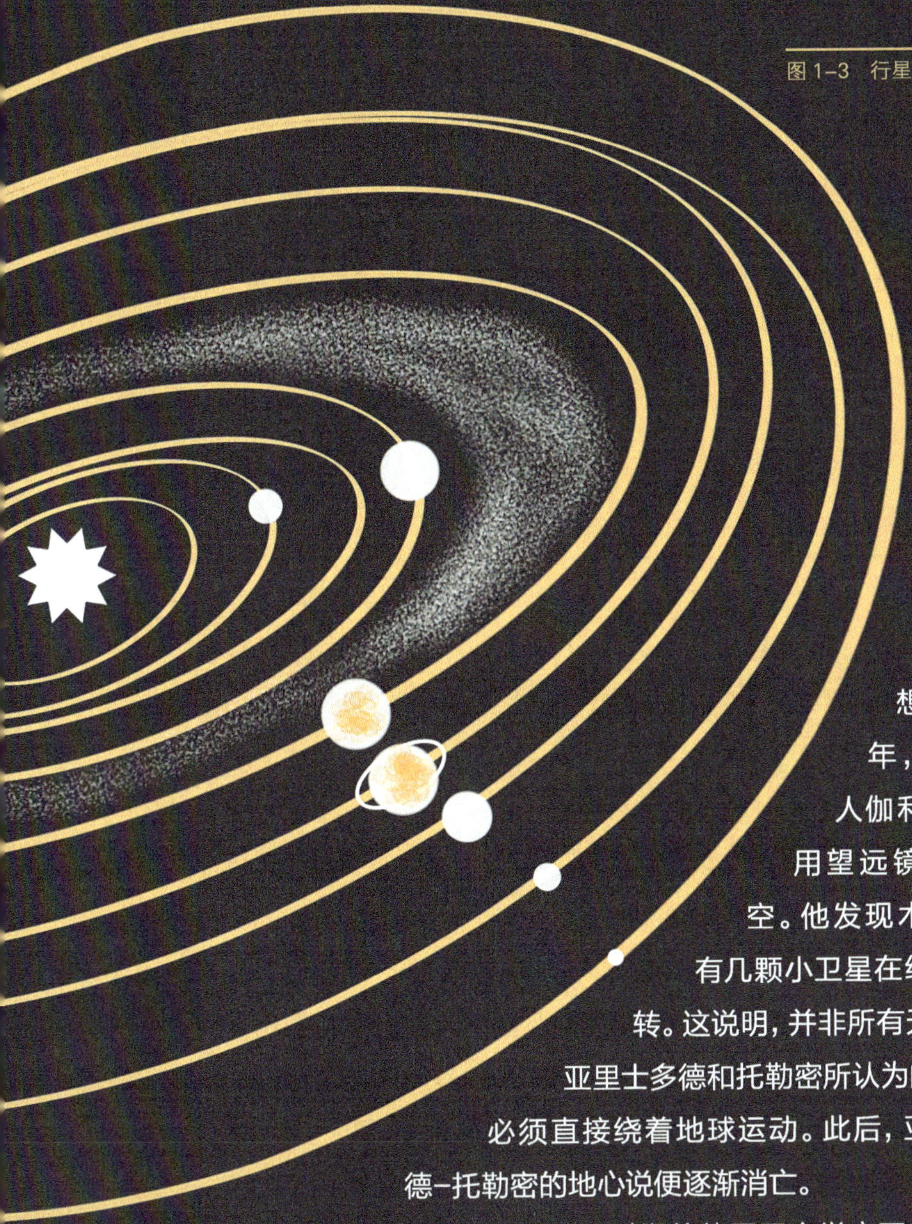

尼的思想。1609年，意大利人伽利略开始用望远镜观测夜空。他发现木星周围有几颗小卫星在绕着木星转。这说明，并非所有天体都如亚里士多德和托勒密所认为的那样，必须直接绕着地球运动。此后，亚里士多德–托勒密的地心说便逐渐消亡。

与伽利略同时期的德国天文学家开普勒对哥白尼的理论作了修正，他计算出行星运动的轨道不是圆形的而是椭圆的。他对行星运动的研究已显现出万有引力定律的雏形。

图 1-4　它砸到了牛顿的脑袋？

原来宇宙是膨胀的！

牛顿与万有引力

有关苹果砸到牛顿头上而使他发现万有引力的故事并不可信，另一个更为靠谱的故事是这样的：

1684年8月，英国天文学家哈雷因为想找到行星为何沿椭圆形轨道运转的答案，到剑桥拜访有着非凡才能和古怪性格的数学教授牛顿。哈雷问牛顿，如果太阳的引力与行星离太阳距离的平方成反比，那么行星运行的曲线会是什么样？

牛顿立即回答，会是一个椭圆。哈雷既高兴又惊讶，问他怎么知道的。牛顿说："我计算过。"哈雷要他的计算材料。牛顿找了一会儿，却没有。这就如同今天有人说他已经找到治愈癌症的方法，却想不起处方放在哪儿。

牛顿答应哈雷再算一遍，并写一篇论文。他依照诺言做了。有两年时间，他关起门来，涂涂画画，精心思考，最后拿出了他的杰作：《自然哲学的数学原理》。这本书的问世让牛顿闻名遐迩。

《自然哲学的数学原理》被认为是“最难看懂的书之一”，但对于看得懂的人来说，这本书是一盏明灯。《自然哲学的数学原理》的核心是牛顿三大运动定律以及万有引力定律。它从数学的角度解释了天体的轨道，而且指出了天体运行的引力——万有引力。宇宙里的每个物体都在吸引其他的物体。当你坐在那里，你就在用自己小小的引力场吸引周围的一切物体：墙壁、天花板、灯、小猫……同样，这些东西也在吸引着你。

忽然之间，宇宙里的许多事情都能得到解释了：行星如何运转；大海里为何潮水涌动；为什么炮弹沿着特定弹道飞行；为什么我们脚下的地球在以每小时几百公里的速度旋转，而我们却没有被甩进太空……

爱因斯坦与相对论

19世纪即将结束时，整个世界回荡着科学家们发明创造出的各种机器所发出的叮叮咣咣的声响。科学家们已经提出很多非常重要且神气的普遍定律。许多人认为，包括电学、磁学、气体学、光学、声学、动力学等在内的物理学大部分谜团已被解开，科学家们已经没多少事情可做了。

实际上，世界很快进入了一个科学的新世纪，科学从宏观物理学向微观物理学转变，量子时代的大门开启了。科学家发现了粒子和反粒子的汪洋大海，一切都是那么古怪，东西瞬间存在，瞬间消失。

一个具有划时代意义的事件发生在1905年。一位没有大学职位，没有自己实验室的瑞士伯尔尼国家专利局年轻职员，在德国物理学杂志《物理学年鉴》上发表了一系列论文，他就是爱因斯坦。那一年他发表的3篇论文都堪称是物理学史上最伟大的作品，其中一篇就提出了狭义相对论。

狭义相对论表明，光速是不变的，什么速度也超不过它。根据爱因斯坦著名的质能公式，质量和能量是等价的，它们是同一种事物的两种形式。

在此后10年的大部分时间里，爱因斯坦一直在思索关于引力的问题，并于1915年发表了广义相对论。

一位记者曾问英国天文学家爱丁顿，他是否真的就是世界上仅有的能理解相对论的三人之一。爱丁顿认真地思索了一会儿说："我正在想谁是第三个人呢。"

相对论的难以理解不在于它涉及多么复杂的数学，而在于它不是凭直觉所能完全弄懂的。它颠覆了时间与空间的定义，时间是可以更改的且不断变化的。时空被想象成一块地毯，类似于太阳的庞大天体就像铁球，其重量造成"地毯"下陷。如果你让一个较小的球从"地毯"上滚过去，当它接近大球以及凹陷处时，就滚向低处。这就是引力——时空弯曲的产物。

这位头发蓬乱、和蔼可亲、手拿烟斗的爱因斯坦，一下子使人们的视界开阔了几十亿年。他的成果为物理学家研究整个宇宙的结构与演化提供了数学框架。

广义相对论预示着宇宙或者膨胀或者收缩。但爱因斯坦认为宇宙是恒定不变的，他在自己的理论里又添加了所谓的宇宙常数。

原来宇宙是膨胀的!

1919年，当英俊潇洒、既是体育健将又是出色学者的美国人哈勃把脑袋伸向望远镜时，人类已知的星系只有一个：银河系。其他的一切或者被认为是银河系的组成部分，或者被认为是遥远天际众多气体中的一团气体。哈勃发现这样的看法是错误的。

1923年，哈勃证明，仙女座中代号为M31的一团薄雾状东西根本不是气云，而是一大堆璀璨夺目的恒星，其本身就是一个距离我们至少有90万光年之远，直径有10万光年的星系。宇宙比人们想象的要大得多。

哈勃用威尔逊山天文台的254厘米天文望远镜和自己聪明的推断，在20世纪30年代初就得出结论：天空中所有的星系（除了我们所在的银河系）都在离我们远去。

这真的令人吃惊。宇宙在朝着各个方向膨胀，而且速度很快。从这一点往前推，就会发现宇宙必定是从一个点起始的。宇宙远不是稳定与永恒的，它有起点，也许还有终点。

宇宙膨胀的理念最初让爱因斯坦感到烦恼，因为基于美学，他希望宇宙是静态的。然而，科学需要用数据说话，天文观测的发现无法被反驳。最后，爱因斯坦不得不承认哈勃是对的，宇宙在不断膨胀。

暗物质的故事开始了……

牛顿万有引力定律解释了太阳系中所有天体的运动规律。最著名的例子是海王星的发现。根据天王星运动异常现象，法国天文学家勒维耶和英国天文学家亚当斯猜测到了海王星的存在，并最终于1846年由德国天文学家伽勒在柏林天文台发现了海王星。由行星运动的异常继而猜测到另外一颗未发现行星的存在，这非常类似于今天我们对于暗物质的认识。

目前，从星系到宇宙学尺度的观测都发现了可观测物体运动的异常现象，这表明宇宙中可能存在我们还没有“看见”的物质，即暗物质，它们通过引力效应影响了可见物体的运动。

现代意义下，“暗物质”这一概念是由瑞士天文学家兹威基最早提出的。这位在保加利亚出生、瑞士长大，美国加州理工学院工作的天体物理学家脾气粗暴但聪明过人。他是一个健身狂，经常会扑倒在公共场所的地板上做单臂俯卧撑，以显示他的男子气概。

尽管他脾气古怪，却有着敏锐的洞察力。兹威基不但首次提出了“超新星”这个名字，并在一生中发现了122颗超新星，他还是第一个认识到，宇宙中可见物质远远不足以把宇宙连成一片。

1933年，兹威基在研究星系团中星系运动的速度与距离的关系时，发现远离星系团中央的星系速度太快，星系团中发光物质的引力无法束缚住这么快的星系，除非有这样一种可能，星系团中存在大量看不见的物质：“暗物质”。

也就是说，尽管星系团中的星系看似以引力作用相互束缚，但从它们很高的运动速度来看，星系团将不可避免地分崩离析。然而星系团却并未瓦解。难道这个遥远星系团中的恒星比我们星系的恒星更重？或者宇宙中并不处处适用相同的物理定律？在考虑了各种可能后，兹维基推断，如果假定后发星系团中存在大量的不可见的神秘物质，这个难题就可以迎刃而解。随着这个想法的提出，暗物质假说应运而生。

不幸的是，兹威基的大多数同事都瞧不起他，因此在将近40年的时间里，他有关暗物质的推论几乎没有引起注意。

20世纪70年代，美国天文学家维拉·鲁宾（Vera Rebin）对旋涡星系的详细观测，使“暗物质”这个概念得到了科学界的认可。他观测并推断出了旋涡星系中恒星的速度随距离的变化关系，即盘星系的旋转曲线。

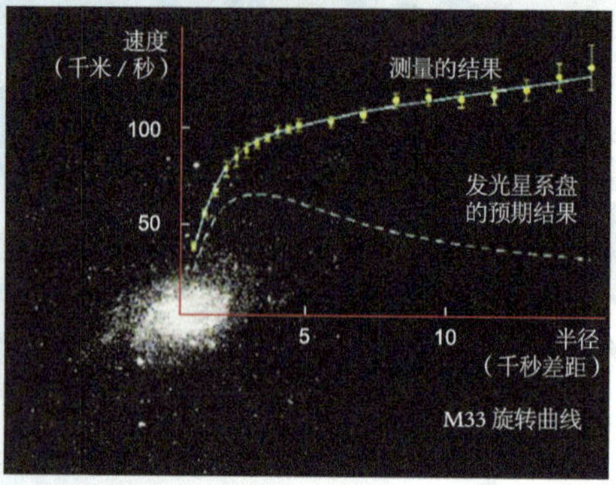

图 1–5　漩涡星系 M33 的旋转曲线

根据牛顿万有引力定律，恒星的速度随着距离的增加会下降，可是实际观测结果却是恒星的速度在距离星系中心很远的地方一直保持不变，甚至一直延伸到可见的星系盘边缘以外的地方很远，速度都不会下降。图1–5是典型的漩涡星系的旋转曲线，测量到的旋转曲线明显和人们根据可见物质预期的结果（虚线）不同。据此推测，平坦的旋转曲线就意味着星系中包含了更多的物质，这些还没有被直接看到而只是通过引力效应表现出来的物质就是暗物质。

2006年钱德拉X射线望远镜观测到两个星系团的合并，发现星系团中发光的热气体(由X射线像确定其位置)和两个星系的质量中心(由引力透镜观测确定其位置)并不重合。这一现象被认为是暗物质存在的直接证据，这是因为重子物质之间由于摩擦力而互相黏滞，但暗物质粒子可以相互通过，从而造成星系团中暗物质和重子热气体在空间上分离成两团。这就像在拥挤的街道上，代表普通物质的人相互作用，行走速度就会慢下来，而代表暗物质的幽灵却能如入无人之境，两者分离开来。这个结果引起了学界的广泛关注，因为这可以排除通过修改引力理论来解释所观察到的异常现象。

科学家们估计，宇宙中大约5/6的质量属于暗物质。迄今为止，除了知道暗物质和普通物质仅仅具有引力作用之外，暗物质究竟是什么，尚知之甚少。明确这种神秘质量的性质成为现代物理学界最长时间没有找到答案的问题。

科学家曾以为自己是如此接近真相，宇宙的整体轮廓已基本完成。伴随着更大更好的天文望远镜的出现，天文学家希望能看到和他们印象中的宇宙相吻合的精细结果。然而，出现在望远镜中的世界却与预想中的大相径庭，天文学一步步动摇了人类一些根深蒂固的假设。突然之间，人们有了一个新的宇宙要去探索。

自从80多年前哈勃发现宇宙在膨胀后，天文学家就一直试图测量由于引力引起的宇宙膨胀变慢。1998年，天文学家运用以哈勃命名的强大的空间望远镜却发现，这个非常符合逻辑的想法竟大错特错。他们发现宇宙的膨胀非但没有变慢，反而是在加快。引力，这个曾经被认为是宇宙大尺度中的统治者，正在把对宇宙的控制权让给另一种未知的看不见的存在。

这怎么可能呢？宇宙正加速膨胀这一事实颠覆了科学家先前所有的预言，暗示着必定存在一种比暗物质更怪异的东西，被称为“暗能量”。这个发现震惊了整个学术界，彻底颠覆了人类原本对于宇宙的领悟。

进入21世纪，宇宙学家所面临的最严峻，同时也是最引人注目的问题，正是人类在努力理解周围世界时所提出的一个最古老的问题：“宇宙是由什么构成的？”

这个问题是数千年来科学研究的焦点所在，而且已经取得了巨大进展。我们现在可以解释视线所及的一切事物：从地球上的物体到地球本身，再到最遥远星系中的恒星。在最基本的层面上，它们都是由原子和分子组成的，而原子和分子又可以分解为夸克和电子。在过去的一百年间，科学家深入发掘了原子和分子

26.8% 暗物质
5% 普通物质
68.3% 暗能量

的特性。20世纪末，一些学术权威甚至迫不及待地宣称，他们已经找到了这个古老问题的答案。

显然，他们错了。无论是亚原子世界的最新实验，还是对遥远宇宙的观测数据，这些来自科学研究完全不同领域的进展，结合在一起为我们绘制了一幅难以置信的景象。在这幅景象中，“宇宙是由什么构成的？”这个问题将被彻底改写。

科学家将宇宙比喻成一个由三部分组成的大饼，根据最新天文观测结果，宇宙中95%以上是人类还没有弄清楚的暗物质(26.8%)和暗能量(68.3%)，其他接近5%是普通物质，包括普通的重子物质、光子和中微子等。

如果把21世纪现代物理学和天文学比作“晴朗天空”，暗物质和暗能量则被看成“两朵乌云”，两者难以用现有理论解释。这不是物理学“天空”第一次出现“乌云”。19世纪末，以牛顿经典力学为基础的经典物理学大厦被认为“已经建成”，只需再“修修补补”。但有两个实验结果与理论预测不相符的问题：黑体辐射和以太漂移，这“两朵乌云”漂浮于当时的物理学“天空”中。正是这“两朵乌云”，催生了物理学在20世纪初期的两场革命：相对论和量子力学，两者极大地改变了人类对宇宙的认识。旧云方散，新“云”又来。存在于物理学天空的“新乌云”至今仍横亘在研究的“天空”。

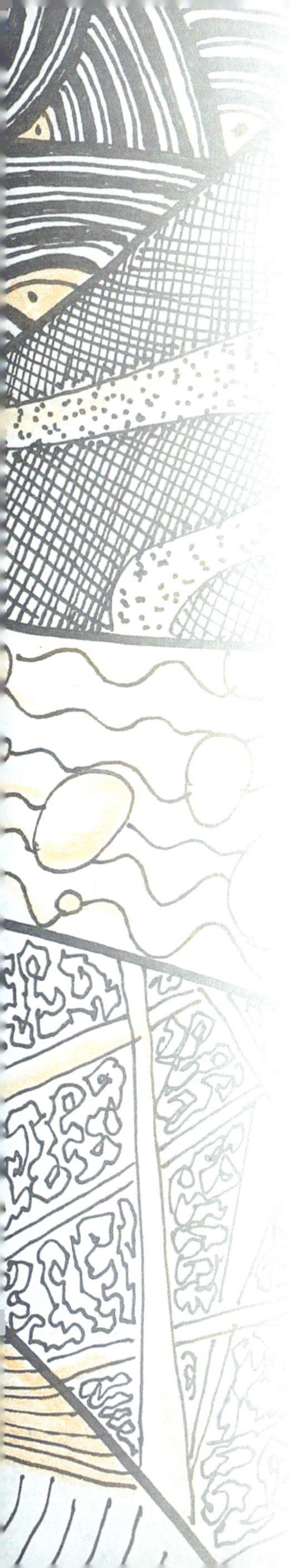

图1-6　宇宙是由5%普通物质，95%暗物质和暗能量构成的“大饼”

人类怎样进入太空？ 02

在 18 年前的一天，澳大利亚新南威尔士州的帕克斯射电望远镜团队突然收到了一种异常强烈的脉冲无线电信号。在经历了 4 年多的寻找后，研究人员鉴别出了这一神秘信号的来源：休息室里的一台微波炉。

这一则来自《自然》杂志网站 2015 年 5 月的报道，说明受地球气候、大气层和地面各种干扰的影响，在地面探索太空可谓雾里看花。一位天文学家比喻，这就像躺在湖底透过湖水看飞鸟一样困难。

又譬如为了最大程度减少干扰，天文望远镜一般都远离城市人口密集地区，在天气晴朗的夜里进行宇宙观测。但地球大气层的冷热对流仍对星光的光路造成严重影响，令星体成像出现抖动。大气层的折射、漫射和对某些波段辐射的选择吸收更是干扰了电子望远镜的探测精度。这意味着人类要想更好地探索宇宙，就必须进入太空。

从万户到齐奥尔科夫斯基们

早在南宋时，人们就利用火药燃烧进行喷气推进的方式制作爆竹和烟火，其原理已接近现代火箭的飞行原理。火箭约在12世纪出现于中国，是为适应军事和娱乐需要而发明的。在13世纪，中国、印度和阿拉伯国家等都曾使用过火箭，之后火箭又传入欧洲。这个时期的火箭通常用纸卷成药筒并装上火药，再绑在细长的箭杆上，靠点燃药筒的引线发射。

利用火箭飞向天空的努力最早始于明朝的万户飞天。万户（陶成道）在椅子后方绑上47个自制火箭，自己双手举着两只大风筝坐在上面，想利用火箭的推力和风筝的升力飞起来。遗憾的是点火后火箭不幸爆炸，万户也为此献出了生命。

人类想摆脱地球引力，进入太空，必须满足一定的速度要求。想象一下，在山顶把一个石头用力掷向远方，石头的速度越快，飞出的抛物线就越远。当速度超过某个限度后，石头飞行的抛物线就会无限延伸，和地面平行，这个石头也就成了环绕地球飞行的卫星。这个航天器达到环绕地球所需要的最小速度，被称为第一宇宙速度。利用中学物理即可轻松计算出第一宇宙速度是7.9千米/秒。

同样，人类航天器脱离地球和飞出太阳系所需要的最小速度，分别称为第二宇宙速度（11.2千米/秒）和第三宇宙速度（16.7千米/秒）。这三种速度中，即使是最低的第一宇宙速度也远远超出我们在生活中接触到的速度，如汽车（20米/秒）、高铁（100米/秒）、飞机（300米/秒）、步枪子弹（700米/秒）。以人类现有的科技水平，火箭是唯一能够突破第一宇宙速度，进入大气层外的人造航天器。

现代火箭的飞行原理，简单而言就是利用动量守恒等物理原理，通过燃料和氧化剂在燃烧室中燃烧产生热气流高速向后喷出，利用产生的反作用力驱动箭体向前运动。因为整个过程不需要空气的参与，因此可以在没有空气的宇宙空间飞行。

现代航天学和火箭理论的奠基人，康斯坦丁·齐奥尔科夫斯基生于19世纪中叶的俄罗斯。1903年，他发表了世界上第一部喷气运动理论著作《利用喷气工具研究宇宙空间》，书中提出了液体推进剂火箭的构思和原理图，并利用牛顿第三定律和能量守恒定律，推导出了著名的火箭在发动机工作期间获得速度增量的公式：

$$V=v_0\ln(m_0/m_k)$$

对于参加我们这次到太空寻找暗物质的某些伙伴，可能对数学没有亲切感，遇到公式可能会引起头晕等不适症状，请坚持一下，这是唯一的公式哦！式中V为速度增量，v_0为喷流相对火箭的速度，m_0和m_k分别为发动机工作开始和结束时的火箭质量。通过这个抽象的公式，我们可以清楚地看到，在不考虑空气阻力和地球引力的理想情况下，火箭的速度与火箭发动机的喷气速度成正比；火箭自身的结构质量越小，火箭所获得的速度越高。

在对火箭的运动理论进行了一番研究之后，齐奥尔科夫斯基又开始对星际航行问题进行了研究和展望。在1911年发表的论文中，他详细描述了载人飞船从发射到进入轨道的全过程，内容涉及飞船起飞时的壮观景象，超重和失重对航天员的影响，失重状态下物体的奇异表现，不同高度看到的地球的迷人景观、太空的景色等。

齐奥尔科夫斯基有一句名言："地球是人类的摇篮，但人类不可能永远被束缚在摇篮里。"在他的论文和著作的影响下，一批又一批航天爱好者走上了探索宇宙的道路。

将齐奥尔科夫斯基的理论付诸实践的是"现代火箭技术之父"美国工程师和发明家罗伯特·戈达德。1909年，戈达德开始进行火箭动力学的研究，并在3年后正式证明了火箭可以在真空中飞行。他在1919年发表了《到达极大高度的方法》的论文，提出了火箭必须具有7.9千米/秒的速度（即第一宇宙速度）才能克服地球的引力。1921年12月，戈达德完成了第一台液体火箭发动机的研制。1926年3月，他进行了世界上第一枚液体火箭的发射试验。1929年7月29日，戈达德成功发射了带有气压计、温度计和照相机的液体火箭，这是历史上第一枚载有探测仪器的探空火箭。

在戈达德研究液体火箭时，"欧洲火箭之父"赫尔曼·奥伯特出版了宇宙航行的经典著作《飞向行星际空间的火箭》，用数学方法阐明火箭应该如何获得脱离地球引力的速度，并提出许多关于火箭结构和飞行的新观念。1929年，他还设计了名为"锥形喷管"的小型液体推进剂火箭。第二次世界大战时，奥伯特的研究成果成为了德国V2火箭的理论框架。

康斯坦丁·齐奥尔科夫斯基、罗伯特·戈达德和赫尔曼·奥伯特三人为现代火箭的发明和制造做出了巨大贡献，被后人视为现代航天学的先驱和奠基人。

德国火箭和美苏太空竞赛

现代意义上的火箭出现于第二次世界大战时期的德国。20世纪30年代，各国自发组织起来的火箭爱好者团体在初期都遇到了资金困难。德国和苏联两国的青年火箭专家得到了国家的支持，其中德国对于尚处在萌芽状态的火箭的军事潜力寄予希望，将设计工作交给了当时的年轻专家冯·布劳恩。

布劳恩领导的火箭设计研究小组设计的第一代液体火箭A-1因结构不合理而遭到失败。但A-1的改进型A-2却于1932年12月试射成功，飞行高度达到3千米。1935年开始研制第二代火箭A-3，重750千克，推力达14.7千牛。1936年4月，德国陆军增加拨款发展火箭技术，同时研制V-1飞航式导弹和V-2弹道导弹。

V-2导弹于1942年10月3日首次发射成功，飞行180千米。它是历史上的第一枚弹道导弹，采用单级火箭推进，推进剂为液体（乙醇和液氧），全长14米，重13吨，直径1.65米，最大射程320千米，射高96千米，弹头载荷1吨。V-2在工程上实现了20世纪初航天先驱们的技术构想，设计虽然不完善，但它却是人类拥有的第一件摆脱地心引力的工具。它对发展现代大型火箭起到继往开来的作用，成为航天发展史上的里程碑之一。

1945年德国投降前夕，冯·布劳恩和400余名火箭专家向美军投降，成为美国火箭技术和空间技术的奠基人之一。他领导的研究团队研制出“红石”“丘比特”“潘兴”导弹。此外，他还是美国研制第一颗人造卫星“探险者一号”（Explorer1）的关键人物，主持了“阿波罗”登月计划，完成了美国航天飞机的初步设计。

苏联也缴获了大量V-2的成品和部件，并俘虏了一些火箭专家，以此为起点，开始自己的火箭和空间计划。1957年10月4日，世界上第一颗人造卫星“Sputnik1”在苏联拜科努尔航天发射基地由一枚R-7洲际导弹改装的运载火箭发射升空，正式开启了现代人类宇航时代，苏联和美国也开始了太空竞赛。

1958年1月31日，美国使用“朱诺1”火箭发射了本国第一颗人造卫星“探险者1号”。1961年4月12日，苏联宇航员尤里·加加林乘坐“东方1号”飞船升空，进行了1小时48分的飞行，成为第一个飞出地球的人。1965年，苏美双方分别实现了太空行走。1969年7月16日，一枚“土星V”火箭从美国卡纳维拉尔角发射台起飞，运载三名美国宇航员成功执行人类首次登陆月球的任务。

美苏太空竞赛客观上促成了航天技术的突飞猛进，特别是大推力火箭的发展，并为人类探索宇宙提供了实现的手段和技术储备。人类进入太空探索宇宙已经不再是梦想。

中国人的太空梦

中国航天事业始于1956年。那一年的2月，“中国火箭之父”钱学森向党中央提出了《建立中国国防航空工业的意见》。3月，国务院制订《1956—1967年科学技术发展远景规划纲要(修正草案)》，其中提出要在12年内使中国喷气和火箭技术走上独立发展的道路。4月，航天工业委员会成立。10月8日，钱学森受命组建了我国第一个火箭、导弹研究机构——国防部第五研究院，即现在的运载火箭研究院。

1957年10月，苏联发射世界上第一颗人造地球卫星。1958年，钱学森、赵九章等提出研制人造卫星的建议。这年5月17日，毛泽东在党的八大二次会议上提出“我们也要搞一点卫星”。中央决定以中国科学院为主，组建专门的研究、设计机构——中国科学院“581”组，组长钱学森，副组长赵九章、卫一清，同时拨出专款研制人造地球卫星，代号为“581”任务。

有了国家层面政策规划的指导以及相关机构的具体执行，中国航天事业开始快速发展。1960年2月19日，中国自行设计制造的试验型液体燃料探空火箭首次发射成功。9月，探空火箭发射成功。

度过三年严重困难时期之后，中国科学院研制人造卫星的工作在各方面都有了突破和进展。1964年12月27日，在三届全国人大会议期间，赵九章先生呈书周恩来总理，建议将研制发射人造卫星任务列入国家计划。1970年4月24日，“东方红一号”人造卫星由中国自己研制的“长征一号”运载火箭发射成功。1975年11月26日，第二枚“长征二号”发射成功，将中国第一颗返回式卫星准确送入预定轨道。

1984年4月8日，中国第一颗地球静止轨道试验通信卫星“东方红二号”发射成功，我国成为世界上第3个使用低温燃料发动机和第二个掌握发动机高空2次点火技术的国家，火箭技术达到世界先进水平。1990年7月16日，中国新研制的大推力运载火箭——“长征二号”捆绑式运载火箭在西昌卫星发射中心发射成功。

经过几十年的发展，中国的“长征”系列大推力运载火箭取得了巨大进步。自从1999年11月20日将中国第一艘无人试验飞船“神舟一号”送入太空后，“长征”系列火箭连续完成了多次载人航天的发射任务，并将中国第一个天空实验室“天宫一号”送入太空。

在太空开展科学探测和研究

当前各国著名的运载火箭，有美国的“大力神”系列、俄罗斯“东方号”系列、欧洲“阿丽亚娜”系列、中国“长征”系列等。美国还推出了使用火箭推进原理，能重复使用的航天飞机作为发射载具。通过火箭和航天飞机，人类开始了对宇宙的探索。

通过人造卫星和空间站，人类进行了各种观测和实验，开展空间科学研究。比如在大气层之外进行天文观测的“哈勃”太空望远镜、进行深空探测的“旅行者号”星际探测器、可以进行多种微重力条件下科学实验的国际空间站以及中国将于2016年发射的“天宫二号”空间实验室和2020年前后建成的空间站。

空间观测一般是指在地球引力场之内、大气层之外进行的天文观测。现在人类进行空间观测的技术手段，以接收和分析包括可见光在内的各种频率的电磁波为主。空间观测主要分支有太阳观测、紫外天文观测、X射线天文观测、红外天文观测和伽马（γ）射线天文观测等。例如，通过观测黑洞吞噬周围物质时发出的强烈X射线来观测黑洞本身；通过观测伽马射线来观测超新星爆发。

与地面进行的天文观测相比，空间观测具有以下特点：突破了地球大气层对天体辐射的阻挡和对观测分辨率和灵敏度的限制，并排除了人造干扰源的影响，可实现全波段、高灵敏度和高分辨率。如果观测结果更加精确，则不会发生类似于文章开头“微波炉神秘信号”这样的乌龙事件。

图 3–1　寻找暗物质就像和幽灵捉迷藏

03 到太空寻找暗物质！

当我们仰望夜空中光华璀璨的繁星时，其实我们只看到了庞大宇宙中的冰山一角，宇宙的绝大部分对我们来说是隐藏的。科学家寻找暗物质，就像和幽灵捉迷藏。暗物质粒子存在的证据都是通过引力相互作用发现的，实验中还没有确定的暗物质信号被探测到。

暗物质是一种怎样神奇的存在?

对于暗物质粒子探测卫星首席科学家、中国科学院紫金山天文台研究员常进来说，暗物质就像一个从未谋面的朋友，既亲切又陌生。“宇宙中，我们能看见的物质，都因为带有电子而能‘发光’，而我们能触碰一张桌子、一面墙，感觉到它们的存在，是因为有电磁场的相互作用。与此不同，暗物质是不带电荷的，也没有电磁场的相互作用，能像幽灵一样穿透阻碍物，不着痕迹地从身边飞走。因此尽管我们周围存在暗物质，例如平均1立方厘米的空气中可能就有上千颗暗物质粒子，但并不能为我们所看到或感觉到。”常进说。

虽然人的身体“无视”暗物质粒子的存在，虽然人们尚不知道暗物质究竟由什么构成，但是科学家们却通过观测它如何影响普通物质，并模拟它的引力效应，还是对它的性质有了一些了解。

图 3–2　宇宙中我们能看到的物质皆因为带有电子而“发光”

图 3–3　暗物质来源于宇宙大爆炸

来看看科学家对暗物质已经有了哪些认识：

(1) 暗物质不发光、不发出电磁波、不参与电磁相互作用，它无法用任何光学或电磁观测设备直接“看”到。由于它不会吸收和辐射电磁波，所以一定是电中性的。

(2) 暗物质难以探测，还在于它密度小、速度快，难以捕捉。科学家测算，暗物质粒子的运动速度为220千米/秒，是56式半自动步枪子弹出膛速度的300倍。

(3) 暗物质应该来自于宇宙大爆炸。在宇宙早期某一个时刻，宇宙温度非常高，粒子能量非常强，它们剧烈碰撞，在这种相互作用下，包括暗物质在内的各种各样的物质由此产生。

(4) 大尺度结构的观测和对星系形成的模拟表明暗物质还必须是“冷”的，即暗物质粒子必须可以在小尺度成团。

(5)国际科学界研究最多也最被粒子物理学家看好的暗物质模型是“弱相互作用大质量粒子”（weakly interacting massive particles, WIMP，有意思的是英文中这个词的意思是“懦夫”）。所有的迹象都表明，星系和星系团都包裹在暗物质粒子所构成的巨大“晕”中。

(6)宇宙的结构与暗物质有关。由于暗物质和它自己以及其他物质不发生除了引力以外的作用，它是促使宇宙膨胀时在自身引力下形成特定结构的首要物质类型。暗物质播下了宇宙丝状结构的种子，随后可见物质才聚集在这些由暗物质建立起来的引力点上，并最终形成了星系。

(7)暗物质的分布可能是不均匀的。不但超星系团尺度上的丝状结构是暗物质造成的，它在星系内部的分布也是不均匀的，至少当今最好的理论模型结果如此。暗物质的引力相互作用不足以形成像行星这样密度的天体，但是它会在星系周围形成一个运动着的、密度不均的“晕”。星系中心方向的暗物质密度一般比较高。由于暗物质不会随着星系盘转动，太阳系这样的行星系会持久地在暗物质粒子“风”中前进。

(8)神秘如斯的暗物质，对生命来说是绝不可少的。假如没有暗物质的引力作用，我们所在的星系——银河系将永远无法在宇宙大爆炸后的膨胀过程中坍缩形成。那样的话，现在既没有太阳也没有地球，更没有你我。

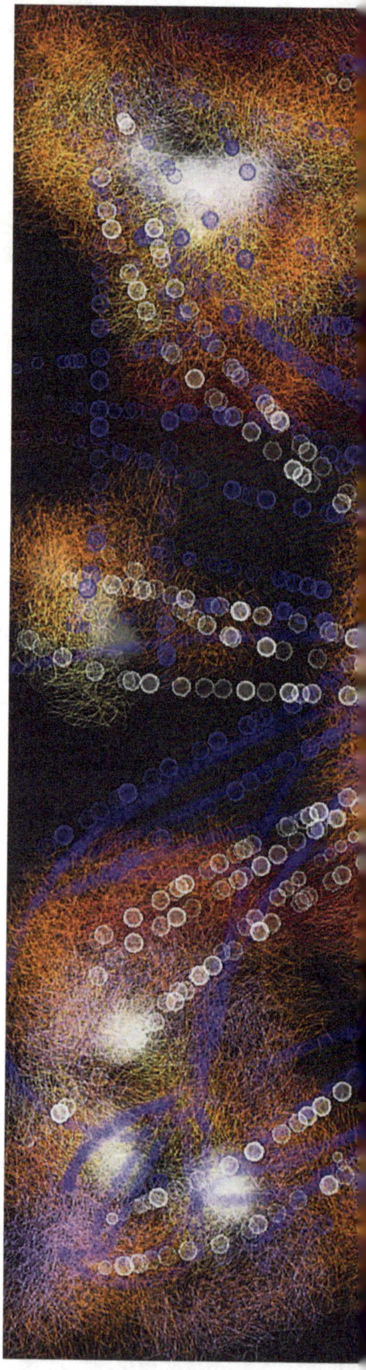

图 3-4　暗物质会在星系周围形成“晕”

有时候，我们可以通过明白一样东西不是什么而更好地认识它是什么。

（1）科学家已经知道暗物质不是尚未形成恒星的正常物质构成的星云，因为那会发射出我们可以探测到的粒子。

（2）暗物质不是反物质，因为后者与正常物质反应时，会产生特殊的伽马射线。

（3）暗物质也是非由黑洞构成的，黑洞是宇宙中已知的最致密的且对其周围环境产生巨大影响的物体。假如这些质量来自黑洞，引力透镜现象就会非常普遍——但是我们并没有看到，而且这在宇宙结构的形成方面也讲不通。

（4）我们知道中微子也不是暗物质，因为即便它们能够产生弱相互作用，质量也太小，无法形成可供丝状结构产生的巨大团块。

与此同时，一些物理学家则提出了更加大胆的猜测，认为宇宙中的引力作用可能与牛顿或爱因斯坦预言的方式不同，这就会使星系旋转的方式改变，这样就取消了假定有暗物质存在的必要。不过，近期对星系团及宇宙微波背景辐射的观测都强烈地支持暗物质的存在，而很不支持“修正的牛顿动力学理论”。

当然，还有的理论家猜测暗物质存在于另一个膜中。根据弦理论，它位于更大的10维宇宙中，也许存在不止一种暗物质粒子。

空间科学卫星工程常务副总指挥、中国科学院国家空间科学中心主任吴季说，由于人类还不了解暗物质，不得已才称它们为“暗”，一旦发现了它们是什么，并且随着研究的深入，新发现的粒子就会有很多名字。“暗”只是阶段性的名字，也充分体现了人类还不了解它。

为什么寻找暗物质这么重要?

尽管暗物质在宇宙中存在的事实得到了大部分天文学家的承认，但暗物质的本质是什么，它是由什么基本粒子组成的，这些基本问题却仍未得到解决。在微观领域，人类建立了关于基本粒子的标准物理模型。这一理论告诉我们，目前已知的基本粒子是三代的夸克和轻子以及传递相互作用的规范玻色子。这一理论能够精确描述目前对撞机上所有的实验现象。

然而，暗物质粒子却不能被这一标准模型解释。因此，为了解释暗物质粒子，必须要引入超出基本粒子标准模型的新的物理理论。之所以天文观测会发现对撞机上无法发现的新粒子，可能的原因是：在宇宙的早期，宇宙要经历一个高温的阶段。这个时候的粒子能量要高于现在已有（甚至将来可能有的）一切对撞机的能量，这时新物理可能发生作用。因此我们可以认为，早期宇宙是一个能量超出人类所能够达到的超高能对撞机，这个对撞机会撞出新的粒子并留下一些踪迹，而暗物质有可能就是宇宙大爆炸后遗留的产物，因此认识暗物质对于人类认识物质的基本结构和基本相互作用可能起到了非常关键的作用。

科学进入了新一轮的探索，而这次探索将比任何魔幻小说都更神奇。我们以前所熟悉的普通物质，只是零星散布在宇宙中的些许点缀，就像夜幕中无边大海上的一点闪光。在宇宙中占比最多的东西反而是人类最难了解的，这些看不见的“大多数”就像披上了隐身衣一样神秘。

暗物质被证实存在，已经给人们的观念带来极大的冲击和突破。之前，人们无法想象这种看不见摸不着的物质在宇宙中竟占有如此大的比重。李政道先生认为，对暗物质的研究将预示着物理学的又一次革命。

图 3-5　宇宙的演化

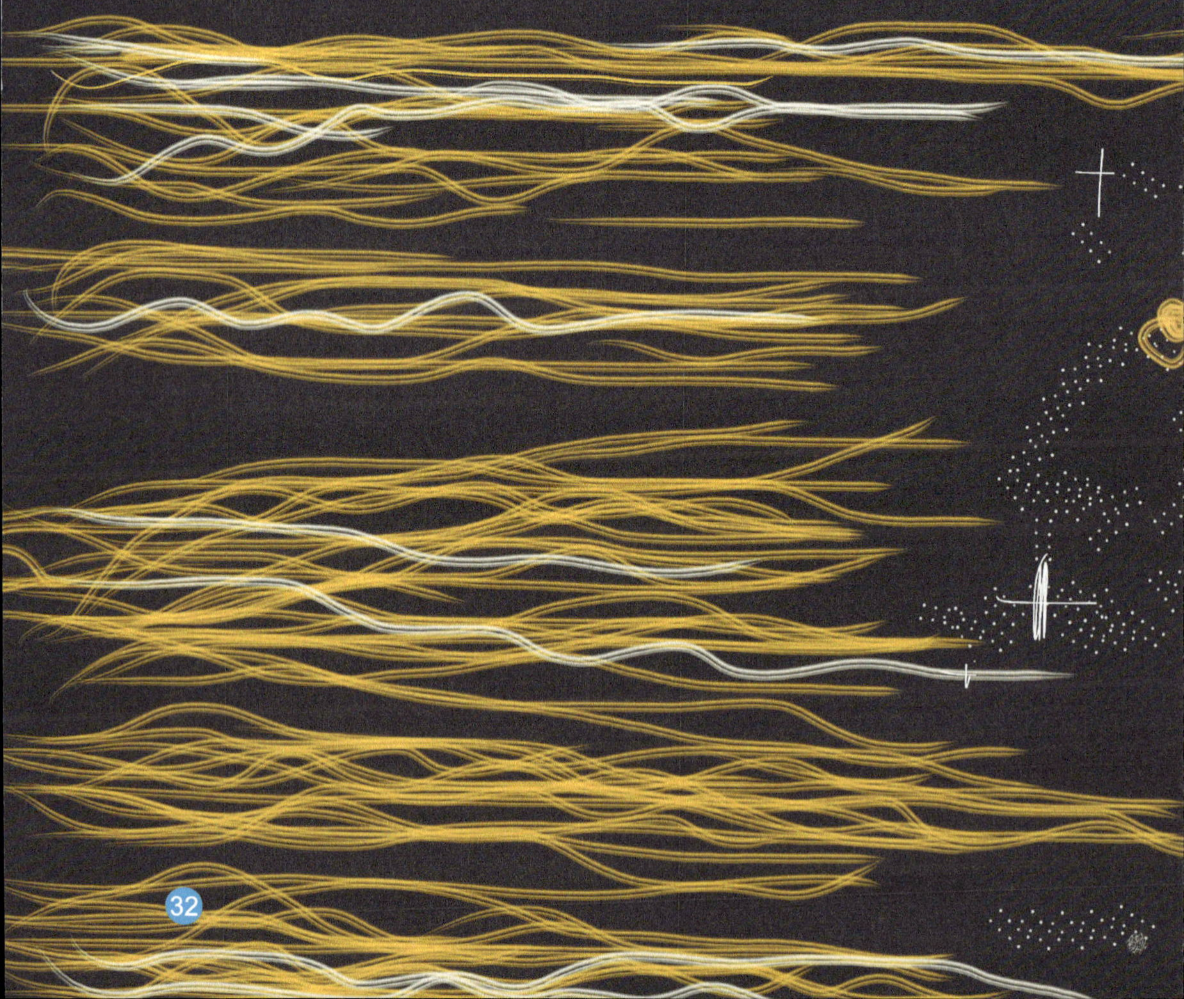

科学家相信，通过探索“不可见宇宙”如何影响银河系和宇宙的过去、现在和未来，人类最终一定能够了解宇宙的起源。很多物理学家和天文学家已经开始有预感：今天物理学面临的状况与19世纪末20世纪初诞生相对论和量子力学时非常类似。经过百年，人类对物质世界的认识又一次处在了十字关口，暗物质便是一个关键突破口。揭开暗物质之谜将是继日心说、万有引力定律、相对论及量子力学之后的又一次重大飞跃。

暗物质问题是粒子物理和宇宙学的核心问题之一，目前世界各国都在集中人力、物力和财力研究这一问题。例如，美国国家研究委员会由19名权威物理学家和天文学家联合执笔的2002

图 3-6　暗物质看不见摸不着，就像穿上了隐形衣

年的报告中列出了新世纪要解答的11个科学问题中“什么是暗物质”列在第一位。报告同时建议美国政府研究机构加强协调，集中资源为这些难题寻找答案。国际上许多探测暗物质、暗能量的地面和空间的实验正在计划和筹备中。

中国科学院院士武向平说，找到主宰宇宙命运的暗物质粒子和确定暗能量性质，无疑是这个世纪物理学最重大的发现。建立新的物理学以代替广义相对论，从而驱散笼罩在物理学“天空”的暗物质和暗能量这两朵“乌云”，同样也会引起物理学的又一次革命。“我们已经走到了物理学发展史上一个新的转折点，一场新的变革和革命即将在物理学发生。”

条条大路通罗马：暗物质探测的三种方法

探究万物的本源及其构成，从而了解我们自身所处的环境和地位，是人类最重要的本能之一。这种先天的好奇心激励我们去发展更复杂的工具，从而将原有的感官延伸到更深远的地方，而对暗物质粒子的探测则有力地佐证了这一点。

由于暗物质粒子不与光发生作用，也不会发光，普通的光学观测无法发现它的踪迹。为了了解暗物质的本质，目前的探测方法大致可以总结为如下三种：标准模型粒子之间相互作用产生暗物质、已知标准模型粒子和暗物质粒子相互作用的直接探测、暗物质粒子之间相互作用的间接探测。

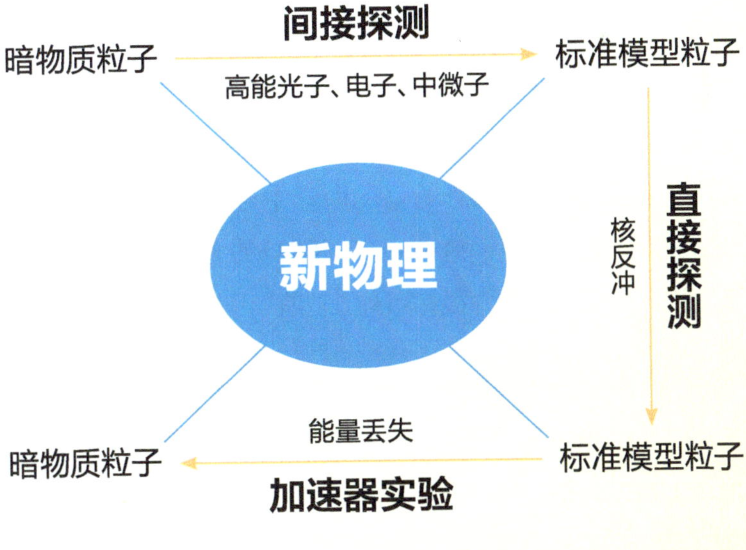

图 3-7　暗物质探测方法的分类

标准模型粒子之间相互作用产生暗物质

科学家用大型质子对撞机，将两束高能粒子对撞产生暗物质粒子，也就是说在加速器上将暗物质粒子“创造”出来。由于暗物质粒子即使被“创造”出来，也不会被探测器发现，只能通过其他可以看见的粒子来推测出是否有这样的粒子产生。虽然暗物质粒子不能被直接观察到，但它一定会带走“能量”（“创造”暗物质粒子需要能量），因此从丢失的“能量”和分布可以推测暗物质的某些性质，因此科学家们像是在一片精彩纷呈的海洋中寻找一根看不见的针。欧洲核子研究中心（CERN）的大型强子对撞机（LHC）被认为很有可能“创造”出暗物质粒子。

图 3–8　大型强子对撞机图

图 3-9　捕捉暗物质粒子的地下实验室

已知标准模型粒子和暗物质粒子相互作用的直接探测

该方法是直接探测暗物质粒子和普通原子核碰撞所产生的信号。由于发生碰撞的概率很小，产生的信号也很“微弱”，为了降低本底，通常需要把探测器放置在很深的地下。

简单地说，研究过程就是将一个静止的靶子设置好，如果暗物质粒子打进来，带电原子核就会飞出去，科学家也将能捕获其信号。目前我国科学家正在四川雅砻江锦屏山下建设一个大型地下暗物质粒子探测器，建成后将是世界上最大埋深的地下实验室。在这个领域，欧洲的DAMA实验团队曾声称已经观测到暗物质，但包括美国LUS团队和四川锦屏团队在内的其他探索，均未证实此发现。

暗物质粒子之间相互作用的间接探测

世界上的物质都有反物质，当一个物质遇到一个反物质的时候，两者都会被摧毁，由此产生巨大的能量。但是暗物质非常独特，它的反物质就是本身，如果暗物质粒子和自身的反物质粒子发生碰撞，那么所产生的能量将更大。

根据目前的理论模型，暗物质粒子衰变或相互作用后可能会产生稳定的高能粒子，如伽马射线、正电子、反质子、中微子等，且其流量远高于正常值。假如能够监测到暗物质粒子碰撞后产生的高能粒子，精确测量这些粒子的能谱，就可能会发现暗物质粒子留下的蛛丝马迹，通过这种湮灭实验间接证明有暗物质。

丁肇中先生研制并放置在国际空间站的阿尔法磁谱仪2号（AMS02）[1]、日本2015年发射的量能器电子望远镜以及中国2015年年底发射的暗物质粒子探测卫星等，都属于第三种寻找暗物质的方法。

2008年空间间接法实验取得了很大的进展。以中美科学家为主的ATIC探测器[2]发表了宇宙高能电子观测结果。ATIC发现高能电子流量在300～800GeV能区间与理论模型相比高了将近3倍。该结果在低能部分被欧洲的PAMELA正电子实验证认。这些可以被解释为暗物质粒子湮灭或衰变的产物。当然，目前的观测结果还不够精确，尚不能排除附近天体的贡献。

国际上ATIC，PAMELA，FERMI，HESS几个探测器的观测数据与理论模型相比都存在“超”，但“超”的大小并不一致。由于

---

① 阿尔法磁谱仪2号（Alpha Magnetic Spectrometer 02，AMS-02）

② 美国南极长周期气球项目的先进薄电离量能器（Advanced Thin Ionization Calorimeter）

图 3-10　国际空间站

ATIC，FERMI，HESS这三个探测器本来都不是用来观测电子的，在电子观测方面都存在弱点。ATIC是气球观测，无法扣除宇宙射线与大气产生的本底，另外探测器的有效面积很小，观测时间也很短，统计精度不高。FERMI的主要目的是伽马射线天文，由于量能器厚度不够包含整个电磁级联簇射，能量分辨本领很差。HESS是地面测量，本底抑制和能量分辨是其主要弱点，系统误差很大。所以现在下结论尚为时过早，需要新型高分辨低本底大型空间探测器。

而国际空间站上耗资20亿美元的AMS02试验，已经观测到一些异常，但因为观测能段的限制，数据也比较少，还无法下结论。2014年9月，丁肇中团队和东南大学发布合作研究成果表示，暗物质存在实验的6个有关特征中，已有5个得到确认，进一步显示了宇宙射线中过量的正电子可能来自暗物质。

整整一代物理学家已经等待了数十年。通过一系列实验和观测，科学家们或许距离破解暗物质这个宇宙谜团只有一步之遥了。

中国为何要发射暗物质卫星?

暗物质粒子探测卫星正是基于前述第三种暗物质粒子湮灭或衰变的假设，即暗物质粒子的湮灭或衰变会形成各种正粒子、反粒子对，这些粒子对在太空中传播就成了宇宙射线和伽马射线的一部分。暗物质卫星就是收集高能宇宙线粒子和伽马射线光子，通过分析其能谱、空间分布来寻找暗物质粒子存在的证据。暗物质粒子探测卫星将替代人类的眼睛，面向浩渺宇宙，寻找我们宇宙中失踪物质的踪迹。

暗物质粒子探测卫星首席科学家常进说，宇宙射线的最高能量比目前世界上最大加速器高1亿倍以上，宇宙空间是人类最后的实验室。

常进曾经研制过一个小探测器，搭载在美国的一个长期停留大气层上空的气球上，做了两个月的实验。在这次实验中，探测器观测到在高能谱段有一些奇怪的现象发生，科学家推测有可能就是暗物质碰撞产生了明物质，分布在非常高的谱段。要想观测到高能谱段，就必须发射卫星，探测器要更大，才能看得更加清楚；而且在太空中，受到的干扰最小，卫星飞行两到三年，能够累积很多数据，就能看到能量谱是不是按照通常理解的方式分布的。如果不是，科学家就需要解释为什么会这样。假如探测器什么都没有看到，至少也可以证明这种关于暗物质的理论不成立。

暗物质粒子探测卫星的另一个科学任务是观测宇宙射线在不同方向的分布情况，比如在银河系中心，宇宙射线多一些，而边缘就少一些。

暗物质粒子探测卫星科学应用系统总设计师伍健说，以前中国几乎没有真正的科学卫星，科学家要进行相关研究，只能用国外数据。而这枚卫星将通过高空间分辨、宽能谱段观测高能电子和伽马射线寻找和研究暗物质粒子。在寻找暗物质的国际竞争中，它并不逊色，其探测能段能达到10TeV，这是迄今为止观测能段范围最宽、能量分辨率最优的空间探测器，超过国际上所有同类探测器。

图 3-11　暗物质粒子探测卫星

空间科学卫星工程常务副总指挥、中国科学院国家空间科学中心主任吴季介绍，如果没有暗物质，通常宇宙中高能粒子的分布是逐渐下降的，因此，如果在太空中确定某一个方向观测，从那个方向过来的高能粒子会随着能量谱段的升高越来越少。但是，如果这个下降的能谱发生变化，则一定是有新的事件发生了。

吴季说，中国第一颗人造地球卫星——“东方红一号”发射已经有近半个世纪，但是到目前为止，中国的空间科学卫星还未成系列。相比之下，美国、欧洲、俄罗斯、日本等国家都从事了大量以科学为目标的空间探索。作为一个航天大国，中国还没有自己的科学卫星系列，这当然有客观原因：中国是发展中国家，资金有限，应该优先发展包括通信、遥感、导航卫星在内的应用型卫星，所以应该把有限的经费用在应用型卫星上。但现在，中国已经成为航天大国，并要向航天强国转变，就不能没有空间科学卫星。科学对于一个国家来说是非常重要的，要想创新驱动发展，必须具备相应的知识。目前在空间科学领域，中国还只是知识的使用国。中国要想实现创新驱动发展，必须要有创新的能力。“我们不能只是学习别人，这样只能是跟在别人后面走。现在我们在一些领域开始有创新了。基础科学知识，包括空间科学知识，也要有创新，没有创新就不可能引领，只有引领才能开创我们自己的方向和视野。空间科学领域的创新也是我国创新驱动发展不可或缺的一部分。”

04 暗物质粒子探测卫星

不同于我国以往发射的其他卫星，这是首颗专门用于基础科学研究的探测卫星。“悟空”的探测目标也不像“嫦娥”和“玉兔”那样“清晰明了”，它要寻找的是一种天文学家几乎肯定它存在、却没有人确切知道它是什么的东西——暗物质。

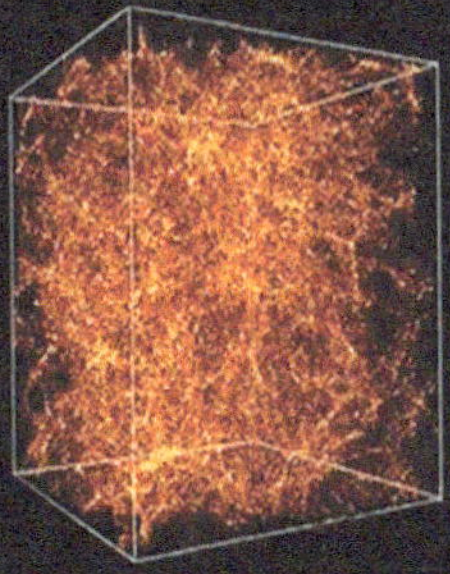

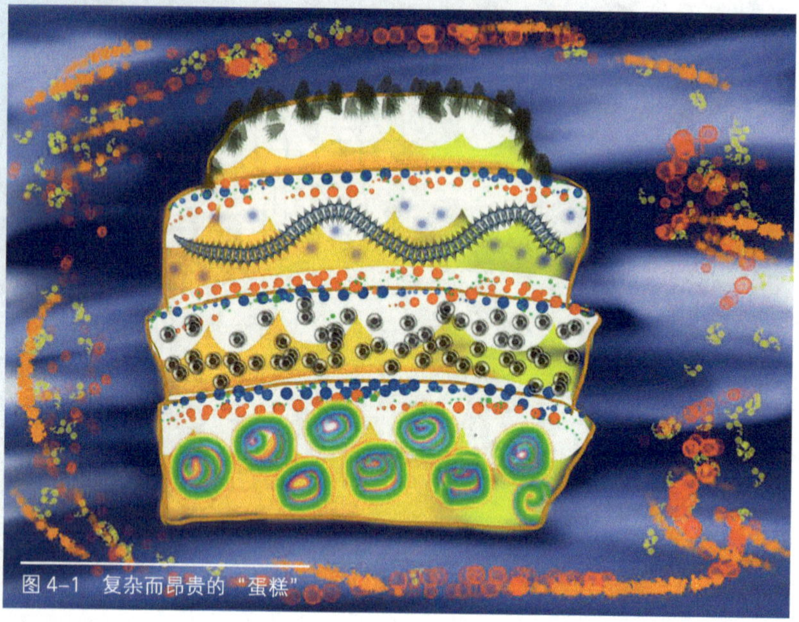

图 4-1　复杂而昂贵的“蛋糕”

首席科学家详解
暗物质粒子探测卫星

暗物质粒子探测卫星是中国科学院空间科学先导专项支持的一颗科学卫星。卫星于2011年立项，2015年年底发射。

暗物质粒子探测卫星首席科学家常进介绍说，这颗科学卫星具有能量分辨率高、测量能量范围大和本底抑制能力强等三大优点，主要科学目标有三个：暗物质粒子间接探测、宇宙射线起源和伽马射线天文。卫星观测能段范围覆盖0.5GeV～10TeV，能量分辨优于1.5%，超过国际上所有同类探测器。它将是世界上迄今为止观测能段范围最宽、能量分辨率最优的暗物质粒子探测卫星。

暗物质粒子探测卫星的这些性能优势和它的结构设计是紧密相关的。卫星从顶部到底部主要由四大科学探测有效载荷组成，分别是：塑闪阵列探测器、硅阵列探测器、BGO(锗酸铋，$Bi_4Ge_3O_{12}$)量能器和中子探测器。四种探测器一层一层组装，就好像一个昂贵又复杂的"蛋糕"，可以高精度地测量入射粒子的种类、方向、能量和电荷。

塑闪阵列探测器

它的主要功能是测量入射宇宙线的电荷以区分不同核素，也有助于区分高能电子和伽马射线。高能带电粒子在穿过塑料闪烁体时，通过电离和发射辐射(光子)的方式损失能量。这些沉积的能量转化为荧光后传递到达探测器两端的光电倍增管，然后经过打拿级放大后读出信号。

塑闪阵列探测器主要由中国科学院近代物理研究所负责研制。

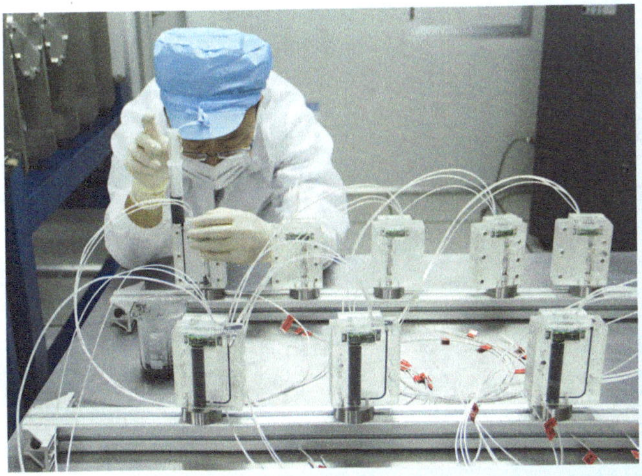

图 4-2　暗物质卫星四大有效载荷之塑闪阵列探测器初样件

硅阵列探测器

它的主要功能是测量入射宇宙线粒子的方向和电荷。硅阵列探测器由6大层硅微条探测器上下层叠排布而成，每大层又由两层垂直排列的硅探测器组成。硅阵列探测器是由中国科学院高能物理研究所、瑞士日内瓦大学、意大利佩鲁贾大学等单位共同研制的。

图 4-3　暗物质卫星四大有效载荷之硅阵列探测器鉴定件

BGO量能器

它是暗物质粒子探测卫星的核心组成部分，其功能是测量宇宙线粒子尤其是电子和伽马射线的能量。BGO晶体是一种无色透明的没有激活剂的纯无机闪烁体，它是一种被广泛用来探测高能带电粒子和伽马射线的闪烁体材料。高能宇宙线粒子打入BGO量能器后，会在BGO晶体中产生级联簇射。宇宙线电子和质子在探测器中产生的簇射的形状是完全不同的。根据宇宙线粒子产生的簇射的形状，科学家可以判断入射粒子的种类。入射粒子的能量越高，产生的簇射就越大，沉积在探测器内的能量就越多。所以科学家能根据在探测器中的能量沉积确定入射宇宙线的能量。

如果入射宇宙线能量非常高，其产生的簇射的体积就会大于BGO量能器的体积而发生溢出。此外，如果大量的宇宙线粒子从探测器侧面入射，探测器只能测量到部分簇射。这时对宇宙线粒子能量的测量就会有较大的误差。由此可见，探测器做得越厚，能量分辨率就会越高，能量探测范围就越大。暗物质粒子探测卫星的探测器厚度目前来说是最厚的。

暗物质粒子探测卫星所使用的BGO晶体是由中国科学院上海硅酸盐研究所专门设计开发的。BGO量能器主要由中国科学技术大学和中国科学院紫金山天文台负责研制。

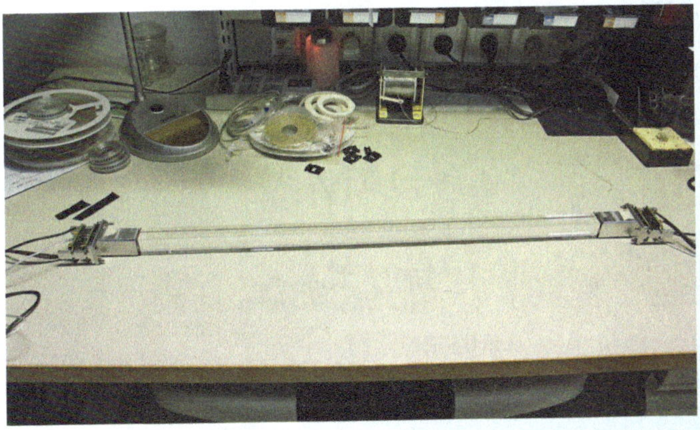

图4-4 “悟空”的金箍棒——BGO 晶体

中子探测器

它的功能是测量宇宙线粒子与中子探测器上层的物质发生相互作用产生的次级中子。科学家可以通过它进一步区分宇宙线的成分。

中子探测器主要由中国科学院紫金山天文台负责研制。

为了研究暗物质粒子探测卫星各个探测器的物理性能指标，科学家们分别在2014年10月至11月、2015年3月、2015年6月三次通过欧洲核子研究中心加速器中的高能粒子对有效载荷初样件进行了束流标定实验。

能量分辨本领是粒子能量测量性能的重要技术指标，能量分辨的好坏与入射粒子的能量相关，能量越高，能量分辨越好。束流实验表明，暗物质粒子探测卫星的能量分辨在232GeV达到0.89%。该指标超过所有国际空间观测探测器。

暗物质粒子探测卫星的BGO量能器与硅阵列探测器均可以测量入射粒子的方向。粒子在BGO量能器簇射为轴对称发展，BGO量能器通过重心法计算簇射在每一层BGO晶体上的重心，得到粒子簇射轴与BGO晶体层的交点，对14层交点的线性拟合可以计算得到入

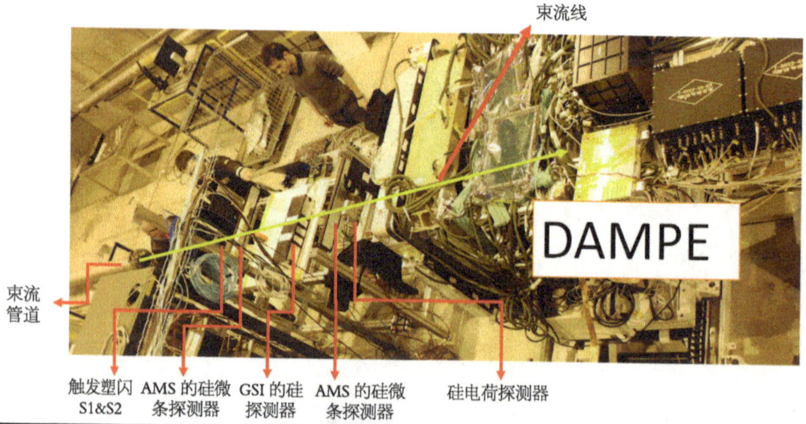

图 4-5　2015 年 3 月重离子束流实验 SPS 现场图

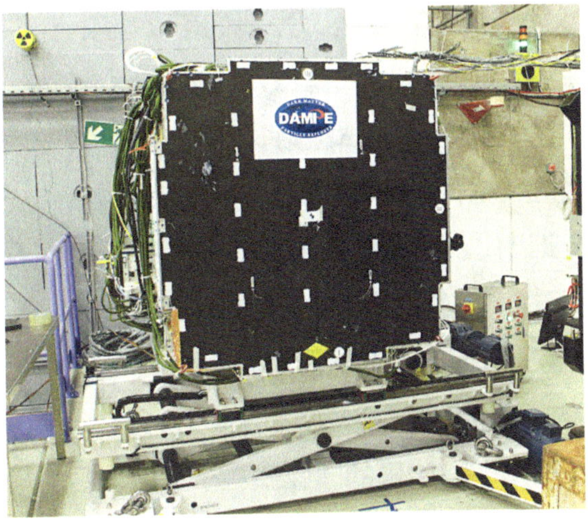

图 4-6　暗物质粒子探测卫星支撑平台

射粒子的方向。硅阵列探测器的主要功能也是得到入射粒子的方向，带电粒子穿过硅微条在相邻几根硅微条上均会产生信号，相邻信号组合重建为Cluster，Cluster的重心为粒子击中点。选择在同一根直线上的三个Cluster作为Seed，利用Kalman滤波得到粒子的入射方向。束流实验测得，250GeV的电子在*XoZ*平面的角分辨为0.075度，在*YoZ*平面的角度分布为0.069度，该指标与国际最高水平相当。

塑闪阵列探测器、硅阵列探测器、BGO量能器均可以测量重核粒子的电荷。束流实验测得，卫星对Ar原子核电荷的测量精度可以达到0.39，该指标与国际最高水平相当。

欧洲加速器测试结果表明，暗物质粒子探测卫星在能量分辨、观测能段、本底抑制水平等关键指标上超过国际同类探测器，在空间分辨、电荷分辨等指标上与国际最高水平相当。

另一方面，作为大型空间高能设备，暗物质粒子探测卫星不仅功能强大，其结构设计上也同样优秀，卫星采用的是以载荷为中心的一体化结构设计。卫星的服务舱和一些单机设备均分布在载荷的周围，这种设计的优点在于减小体积、降低重量、节省发射成本。这颗卫星与中国以前的卫星很不一样，以前卫星载荷只占总重量的几分之一，但是这颗卫星载荷重量占了绝大部分。我们可以想象一下，中国的暗物质粒子探测卫星，它的尺寸只有1.5米×1.5米×1.2米，体积比一张办公桌大不了多少。卫星的质量为1850公斤，载荷的质量约为1410公斤，平台约440公斤，载荷平台比达到了3.2∶1。

专家在比较阿尔法磁谱仪2号（AMS-02）、美国的FERMI卫星以及中国的暗物质粒子探测卫星时说，这三个探测器各有特色：AMS-02可以区分正反物质，FERMI的探测器面积大，中国的探测器最厚，可以测量非常准，以很高的能量分辨率测量高达1～10TeV的粒子（1TeV=1万亿电子伏特）。中国的暗物质粒子探测卫星的研制费用分别只是美国FERMI、AMS-02的1/7和1/20。

进入太空后，暗物质粒子探测卫星的轨道为太阳同步轨道，高度约500千米，每天平均观测500万个高能粒子，每天传回的数据量约16G，相当于一部高清电影的数据量。暗物质粒子探测卫星将进行两种观测模式：巡天观测模式和定向观测模式。在前两年内，卫星采用巡天观测模式。由于暗物质可能存在于全天区的任何区域，所以第一阶段对全天扫描，探测暗物质存在的方位。两年后卫星转入定向观测模式，根据全天区探测的结果分析出暗物质最可能出现的区域，并针对这些区域开展定向观测。如果在巡天模式下没有探测到暗物质，则考虑定向观测银心区域。国外的研究显示，银心附近存在伽马射线晕，在那里最有可能发现暗物质。地面科学家团队将有100余人对卫星数据展开分析研究，首批科学成果将有可能在卫星发射一年后发布。

对暗物质粒子探测卫星首席科学家、紫金山天文台研究员常进来说，人类的每次“第一次”观测，会有许多预见不到的科学发现，如质子衰变实验发现了天体中微子。期望暗物质粒子探测卫星的“第一次”观测能够发现许多人类未知的“第一次”，实现空间科学的重大突破。

有关暗物质粒子探测卫星的N个明白事实

Q 它有多大？

A 暗物质粒子探测卫星的体积只有1.5米×1.5米×1.2米，比一张办公桌大不了多少。

Q 它长什么样？

A 暗物质粒子探测卫星像是一个既昂贵又复杂、倒立的四层蛋糕。

它的科学探测有效载荷主要分为四层：从上往下依次是塑闪阵列探测器、硅阵列探测器、BGO量能器和中子探测器，“大蛋糕”上“裱花”和“内馅”的复杂程度令人咋舌。整个探测器有42000路

图 4-7 暗物质卫星四大载荷之 BGO 量能器装配中

电子学读出电路，168路高压电源，接近8万路探测器通道数。

如此复杂的探测器，超过中国地面最复杂的加速器实验北京谱仪，而所有的这一切，都要安装在1立方米的狭小空间里，并且各个探测器除了要完成各自的任务外，还要相互补充、互为备份。

Q 它有多重？

A 暗物质粒子探测卫星整星质量为1.85吨，有效载荷质量为1.4吨。

Q 它的寿命多长？

A 暗物质粒子探测卫星的设计寿命为3年。

Q 它在太空怎么工作？

A 通过探测宇宙中高能粒子的方向、能量以及电荷大小来间接寻找和研究暗物质粒子。

卫星将围绕地球旋转，四层科学探测器将面朝太空，全面接收来自宇宙四面八方的高能电子和伽马射线。这相当于科学家在宇宙中放置了一台“除去大气层面纱”的“超高清望远镜”。所有收集到的科学数据将完整保存，并实时传回地面。一旦用这些原始数据勾勒出的“伽马射线能谱”反映出谱线极段等特征信号，科学家就获得了暗物质粒子存在的强有力证据。

Q 它有多牛？

A 暗物质粒子探测卫星是迄今为止观测能段范围最宽、能量分辨率最优的空间探测器，超过国际上所有同类探测器，比如能段是国际“阿尔法磁谱仪”实验的10倍，涵盖了电子能谱和光子能谱发生异常的地方；探测器能量分辨比国际同类探测器高3倍以上。

Q 它的主要研制者都是谁呀？

A 中国科学院微小卫星创新研究院、中国科学院紫金山天文台、中国科学院高能物理研究所、中国科学院近代物理研究所、中国科学技术大学、中国科学院国家空间科学中心。

Q 它在哪发射？

A 中国酒泉卫星发射中心。

图 4-8 暗物质粒子探测卫星在酒泉卫星发射中心升空

Q 它的轨道高度是多少？

A 500公里的太阳同步轨道。

Q 谁送它上太空？

A 中国航天科技集团第八研究院研制的长征二号丁型火箭。

图 4-9　长征二号丁型火箭转运过程
（中国航天科技集团公司，上海航天技术研究院提供）

Q 它怎样运行?

A 北京跟踪与通信技术研究所负责卫星跟踪及测控。由中国科学院国家空间科学中心抓总的地面支撑系统负责卫星的在轨运行。

此外,瑞士日内瓦大学和意大利佩鲁贾大学参与了部分探测器的研制。

Q 科学发现将在哪里诞生?

A 中国科学院紫金山天文台负责暗物质粒子探测卫星科学应用系统的研制、建设和运行,将组织科学团队分析科学数据,实现科学产出。

CASC
中国航天

↖ 图 4-10　将长二丁火箭吊运至发射塔架
（中国航天科技集团公司，上海航天技术研究院提供）

↘ 图 4-11　暗物质卫星最终状态，卫星设计师们组成了（DAMPE）字形祝福卫星成功发射
（摄影：吉彦超，中科院微小卫星创新研究院提供）

面对面·对话首席科学家

在中国科学院空间科学先导专项首发星——暗物质粒子探测卫星即将发射之际，暗物质卫星首席科学家常进研究员在酒泉卫星发射中心接受新华社对外部中国特稿社的专访，详细解答了如何到太空探测暗物质以及暗物质卫星的相关问题。

要寻找的“人”，还不知长什么样

记者：目前很多天文观测证据已经基本上比较肯定有暗物质的存在，那么我们现在发射暗物质卫星，是为了进一步证明暗物质的存在呢？还是要弄清它的性质？

常进：弄清它的性质。我们知道那里有一些不发光的物质，但是这些不发光的物质到底是什

图4-12　科学家们期待暗物质探测卫星有更多科学发现

么，到现在为止我们不清楚。包括地球附近也有大量的暗物质。天文学家发现，银河系里成千上万颗恒星的实际观测速度要大于理论上的速度。太阳的速度理论上是160千米/秒，但是现在观测太阳的速度大概为240千米/秒。如果不存在暗物质的话，太阳系就应该处于银河系的更外围，而不是现在这个位置。

记者： 暗物质究竟是怎么产生的？为什么会有暗物质？

常进： 产生于宇宙大爆炸，为什么会有暗物质还不清楚，它的物理性质尚没有弄清楚，我们怎么知道为什么会有？为什么暗物质探测这么热？就是现有基本的物理知识无法解释暗物质。一旦找到暗物质，将会带来物理学的革命性突破。

记者： 自20世纪30年代初，科学家就发现存在暗物质，经过这么多年的研究，还是没有探测到暗物质存在的明确证据，是因为找的方法不对？还是因为仪器不够灵敏？

常进： 是因为理论上我们根本就没弄清楚它究竟是什么东西。如果理论上知道它是一个什么东西，我们就能很容易把它找到。通俗地讲，我们去找一个人，只知道这个人可能存在，但是这个人穿什么衣服、长什么样子，我们根本不清楚，只能通过排除法，或者说一步一步筛选，从一些可疑的迹象筛选，我们找到了一些迹象，比如说几点几分，在某一个场合，我们看到了他，在另外一个场合我们也看到了他。但是一直不知道他究竟是什么样子。

记者： 科学家在寻找暗物质的过程中已经排除了一些候选者。我们的卫星要找的是否就是最多人研究的弱相互作用大质量粒子？

常进： 我们的卫星可以寻找弱相互作用大质量粒子。暗物质的模型太多了，但是一个讨论最为广泛的模型是弱相互作用大质量粒子(WIMP)，在许多新物理模型中可以自然地引入这样的粒子。但是暗物质究竟是不是这样的粒子还不清楚。目前还有一些其他的理论模型，像轴子、惰性中微子，或者是更大质量的很奇异的粒子。现在有关暗物质最主要的问题还没有弄清楚。

记者： 谁都不知道暗物质到底是什么，却要寻找它，这样的寻找需要运气吗？

常进： 肯定要有一定的运气。搞科学不是靠运气，但是要具体发现什么，还是有一些运气的成分在里面。最主要的不确定性就是，暗物质究竟是什么，连基本的物理性质都没有弄清楚。就像你去找一个人，是男是女你都弄不清楚，你怎么找？我们现在已经知道暗物质长寿命、不发光、不与其他物质相互作用。其他，我们只能根据一些疑似迹象，比如伽马射线超出、高能电子异常、反质子能谱异常等来设计探测器，但是有很多不确定性。

通过“儿子”认识“爸爸”

记者： 你们是到太空去寻找暗物质粒子湮灭或衰变的产物，有人把这样的产物比喻成暗物质的儿子，那么认识一个人的儿子就能反推出他爸爸的性质吗？

常进： 从儿子可以得到他爸爸的一些性质，不可能得到他爸爸的全部性质，只能一步步推，基本上可以得到他的性质，因为有基因。如果能够观测到暗物质湮灭或衰变的产物，那么暗物质的质量和其他一些物理性质以及在空间的分布等信息都可以得到。

记者： 你们如果观测到的是暗物质粒子湮灭或衰变后的产物，它就变成了普通物质粒子，是不是普通物质都是由暗物质变来的呢？

常进： 现在有一些科学家从事这方面的研究。一般认为普通物质和暗物质都是在宇宙大爆炸中同时产生的。因为暗物质的反应率这么低，可以很自然地估计现有的物质不可能全是暗物质产生的。

记者： 暗物质的湮灭是经常发生的吗？

常进： 如果暗物质真的相互间发生湮灭，那么它每时每刻都在发生。但湮灭率太低，人类很难探测到相应的产物。

记者： 我们的卫星就是探测附近发生的湮灭吗？

常进： 如果湮灭产生伽马射线，那么我们可以探测非常遥远的宇宙空间；如果是高能电子只能探测太阳系的附近区域，因为高能电子的传播距离不能太长。但要注意这个地方说的“近”实际上表征的也是3亿亿公里这样的距离。

记者： 现在研究暗物质主要通过在加速器上“制造”，在地下直接观测和到太空间接观测三种方法，这三种方法之间是一种什么关系？也会互相印证吗？

常进： 这三种方法互为补充，可以互相印证。我们在天上找到一种暗物质粒子，如果它的质量超过现有的加速器的能量上限的话，那么加速器的能量就必须再提高。同样，如果我们把暗物质的质量弄清楚了，会指导地下的直接探测实验去修改他们的方案。比如现在清华大学、上海交通大学致力于寻找低质量的暗物质粒子，国际上一些主要探测大质量的暗物质粒子。如果我们准确地知道了暗物质粒子的质量，那么地下实验就会变得比较明确了，究竟是找怎样的暗物质。因为现在大家都在不同的地方分头去找，人长得什么样不清楚，到处在找。如果我们弄清楚了这些事情的话，就容易了。

天下武功唯快不破

记者：只要有湮灭我们就能发现吗？

常进：不一定能发现，必须要积累到一定的量以后才能发现。这跟仪器的灵敏度有关系，仪器灵敏度越高，就能发现越微弱的湮灭。我们的暗物质卫星即使找不到，也不代表这种方法未来找不到。天下武功唯快不破，做物理就是越灵敏，才越有可能有发现。

记者：你们在与美国合作的南极气球试验中已经发现了一些高能电子的异常，并且于2008年在*Nature*上发表了文章，但是还不能确定这些异常是否来自暗物质，对吗？

常进：对，我们现在也不能确定。现在还没办法排除该异常的新类别天体物理辐射源或者是宇宙射线传播过程中所致的可能性。

记者：我们的暗物质粒子探测卫星怎么能够排除其他天体的干扰呢？

常进：第一是提高能量分辨和空间分辨的本领；第二要降低本底，就是把观测到的信号与大量的宇宙射线区别开来，降低宇宙射线背景；第三就是提高灵敏度，降低背景，提高分辨率，还有就是把探测器做得足够大，都是提高灵敏度的方法。这三个物理指标比别人的高，就证明我们的探测器比人家先进。现在我们在能量分辨方面领先，还有就是我们的探测器达到了世界上同类设备的最高能段。

记者：这其中，最难的是什么？

常进：降低本底，降低本底跟方法有关系，我们只能说在某些波段本底降低得比较明显，但是在低能方面，跟美国在空间站的阿尔法磁谱仪相比，还达不到，因为人家花了20亿美元，用了那么多新的技术。

记者： 暗物质粒子探测卫星有四个探测器，请通俗地介绍一下这四个探测器的作用？

常进： 通俗地解释，就是我们这个探测器最主要能够测高能粒子的能量、方向和电荷，以及具备鉴别粒子的本领，这是我们当初建造这个探测器的初衷。我们设计的探测器从顶部到底部都是围绕这三个物理量和粒子鉴别进行的。四个探测器组合在一起使用，找暗物质需要各方面的信息。

记者： 您的科学设想如何最终变成现实？这个过程是怎样的？

常进： 这个过程也不是那么容易。第一国际上暗物质的探测已经热起来了，我们这种方法也能够用来间接探测暗物质，这是国家选择我们的原因，也是最主要的原因。第二就是我们具备一定的技术基础，这两点是导致我们能够将设想变成一颗科学探测卫星的原因。探测暗物质或者暗能量，要一步步做出来，要靠脚踏实地地去干。很多人都说我的运气比较好，我承认，但他们没看到我们做空间探测这一行25年了，有很长的技术积累。总的来讲，还是要靠技术，天上不会掉馅饼，没有那么多年的吃苦，在实验室里摸索和积累，不可能将科学设想变成一颗科学卫星。

记者： 中国的暗物质卫星研制费用只有1亿美元，分别是美国费米伽玛射线太空望远镜和阿尔法磁谱仪的1/7和1/20。我们在这么少的经费下能够做出来，是不是也是想了很多办法？

常进： 是。关键就是不浪费。什么叫做不浪费？不浪费时间，技术路线不走弯路就是最大的省钱。其实我们用的技术都是世界上最好的成熟的技术，也都有一定的技术积累，没采用我们尚未完全掌握的技术。

打开新窗口，阳光就会照进来

记者： 您对于这次发射的暗物质卫星的期待是什么？

常进： 我现在期待它能正常工作就行了。只要卫星工作正常，就为我们打开了一扇新的窗口，阳光就会照进这个窗口来。

如果指望暗物质卫星，一下就能把暗物质准确找到，这个希望指数也太高了。我们这个暗物质卫星，只是瞄准暗物质可能产生的一种现象，也就是暗物质粒子湮灭或者衰变的时候它会产生的一些高能粒子，这叫间接法。至于间接法能不能找到暗物质，我现在也不能告诉你。我可以告诉你的是，尽管暗物质粒子探测器最主要的目标是去找暗物质，但是这个探测器本身就是一个望远镜，一旦打开这扇新的窗户，必然有好多新奇的现象。究竟这个新奇的现象是逮到了暗物质还是其他的一些新的天文、物理现象我们还不清楚。对我们天文学家来说，最重要的是要做一个可靠的仪器、高分辨率的仪器，这样我打开这扇窗就不会是模模糊糊的，会看到一些很清晰的物理构成和物理的现象，这是最关键的。因为在暗物质这种前沿问题上，它的基本物理性质还没有弄清楚，谁能保证百分之百就能找到暗物质？谁都不能保证。这就是为什么暗物质研究在国际上这么热，但是到目前为止还没有什么新的进步的原因。目前为止我们弄清楚的一点就是高能电子有异常。这种异常究竟是不是来自于暗物质我们不清楚，但是我们这个暗物质粒子探测器也不是盲人摸象无目的的事情，是因为确实发现了异常，所以我们要做出一个这样的探测器，打开一扇新的窗口去看看究竟是怎样的物质，如果弄清楚了这个异常就是一个很大的成果。

暗物质是科学前沿，对于我们来讲暗物质探测是技术上的挑战，也是一次机会。抓住这个机会不一定是为了实现寻找暗物质的目标，而是做一个高精度的探测器，这是我们的目标。至于发现暗物质还是其他的倒不是我本人关心的，可能是我们试验分析数据的科学团队最关心的。对我来讲，我最关心的是我这个仪器能不能成功，因为这是回报国家的。只要这个仪器是成功的，对国家肯定是有贡献的，我们的技术就又迈上了一个新台阶。

记者： 究竟观测到了什么就表明是暗物质？

常进： 实际上我们也不是很清楚，作为观测学家，或者是实验物理学家，我们只能说把这个仪器做好，它发现的任何东西对我来讲都是很新奇的，但是对于判断暗物质，由全世界的理论物理学家说了算，如果理论物理学家都认为它是暗物质，那么它就是暗物质。我们会发布对伽马射线、宇宙射线的高精度测量结果。实际上，伽马射线谱线、高能电子的能谱、高能正电子的能谱、伽马射线空间的分布等都可以用来研究暗物质。

记者： 暗物质粒子探测卫星还可以探测宇宙射线、伽马射线，这些又能解答什么问题？

常进： 本来它就是一个宇宙射线望远镜，我们除了暗物质外，可以找到的就是宇宙射线、伽马射线。我们可以去研究宇宙射线的起源、传播和加速。宇宙射线发现了将近100年，但是宇宙射线的物理起源是什么？究竟那么高能量的宇宙射线来自于什么？人类到现在也没有弄清楚，这是很奇怪的。

记者：暗物质粒子湮灭产生的能量以及宇宙射线，如果将来对它们的研究弄清楚了，是否可以加以利用？

常进：首先要弄清它的物理性质，至于未来它有什么样的用处，现在还不好说。量子物理刚发现时，人们认为这一点用处都没有，但是现在什么都跟量子物理有关系。我们现在的宇宙探索，只有弄清暗物质的物理本质以后，才能说它对未来产生什么作用，但是物理的进步会导致科技的进步，这是百分之百肯定的。

记者：有的专家说现在已经在发现暗物质的边缘，丁肇中先生有一次接受采访说还有5～10年就能发现暗物质，您认为还要多长时间才能发现暗物质？

常进：我认为要确定性地发现暗物质需要全世界相关科学家的共同努力，准确时间难以预计。

记者：中国现在能够为纯基础科学研究发射一颗卫星，这是否说明中国的基础科学得到了重视？

常进：尽管中国的科学水平在某些方面和国际上有差距，但我们不能妄自菲薄。国家对基础科学、空间科学予以了高度重视，也是我国科学技术水平已经达到了一定程度的具体体现。以前我们和国际上差得太多了，人家跟我们都不讨论。今天在一些领域，我们和国际同行平起平坐。只要大家埋头干，中国的科学家会在不久的将来取得一系列重大突破。

追捕暗物质的“刀客”

这是一群特殊的“刀客”，在宇宙的黑暗森林中追捕特殊的猎物：暗物质。只是他们还不知道猎物长什么样、何时何地会出现。

宇宙间存在一个巨大的谜团：宇宙的绝大部分质量是人类不可见的。这种谜一样的存在被科学家称为“暗物质”。

暗物质像幽灵，时刻都在穿越人体，而人体却无法感知。如果没有它，星系早已分崩离析，没有太阳、没有地球，也没有你我。

2015年12月17日升空的暗物质粒子探测卫星“悟空”，从500公里外太空发来的信息，源源不断传入中国第一个现代天文学机构——紫金山天文台的计算机中。在这些数字和弯曲的图形中，就隐藏着“刀客”追捕的猎物。

“森林里一定有猎物，但不一定能抓到，如果运气好，一进去就能逮到，至于抓到狗熊还是兔子，现在还不确定。”暗物质卫星首席科学家、中科院紫金山天文台副台长常进这样形容对宇宙中失踪物质的寻觅。

“天下武功唯快不破，探测器越灵敏越有可能有发现。”常进说。

揭开暗物质之谜将是继万有引力定律、相对论及量子力学之后的又一次重大科学突破，从而推动解释宇宙为什么是这样，以及它的始与终。

戴眼镜的常进，文质彬彬，对想采访他的记者，总是像暗物质一样“隐藏”起来。而在熟识的人面前，他会不时用江苏泰兴老家的口音讲笑话，把人逗得哈哈大笑。

“悟空”从酒泉卫星发射中心升空后，常进马不停蹄地赶到西安、北京怀柔的测控中心。卫星正式向地面传回科学数据的那一天，他发着烧忙碌着。赶回南京后，他把紫金山天文台沉浸在成功喜悦中的团队成员训了一通：“还没到享受成功的时候。卫星探测器是成功了，但科学家的任务还没完成。”

或许他已瞥见“幽灵”

常进1992年从中国科学技术大学研究生毕业到紫金山天文台工作。寻找研究方向的他意识到，高能电子、伽马射线是人类观测宇宙的空白。他认为，在研究上不能总跟着美国人、日本人跑，要实现科学探索上的第一次。

观测宇宙高能电子非常困难，需要借助造价昂贵的高性能设备。由于那时中国还没有财力在基础研究领域大量投入，所以试验所需的仪器只能东拼西凑。

“国家没钱，我们必须在方法上创新。”常进提出了独特的空间观测高能电子和伽马射线的方法，不需要那么精细的设备，极大地减少了仪器的费用。

1998年他在德国访学时，得知美国要在南极开展名为“ATIC”的科考项目，观测宇宙线。他发现，ATIC其实还可以用来观测高能电子和伽马射线。“开始，美国人看不起我们，不相信。”于是，他努力说服美国科学家把探测器送到瑞士加速器上试验，证明他的方法可行。

2000年年底至2001年年初，像足球场一样大的ATIC气球在南极升空，在离地面37公里的高空完成了人类对高能电子的首次观测。

在数据分析中，常进发现了奇异现象：高能电子流量远超出了模型预计的流量。此前，科学界普遍认为，高能电子来源于超新星遗迹，并建立了太阳系高能电子流量模型。

是仪器有问题吗?常进和他的团队花了一年多时间检查仪器，用了很多方法证明仪器没有问题。

于是，他联想到了神秘的暗物质。

他将观测结果与暗物质理论预言的粒子模型相验证，发现两者基本吻合。这种理论认为，暗物质的反物质就是其本身。如果两个暗物质粒子碰撞，就会湮灭并产生高能电子和伽马射线等高能粒子。如果能监测到不明高能电子和伽马射线，就间接证明有暗物质粒子，并可以研究其物理性质。此后几年，常进与合作者不断改进设备和观测方法，又在南极进行了3次观测。

掌声与寂寞

为了寻找异常之后的真相，常进陷入近10年无休止的数据分析，未解之谜整天在脑子里抓挠。他夫人发现，回到家的常进，时常神情恍惚，嘴里嘀咕着一些听不懂的数字，突然有个想法，马上就到实验室编程序演算。

ATIC发现的异常究竟是否来自暗物质，还不能排除其他天体的干扰。气球飞得再高，只要在大气层内，高能粒子与大气碰撞就会产生大量“噪音”。要想看得更清楚，必须到太空去探测。

2002年，常进第一份有关太空探测暗物质的报告提交到有关部门，但石沉大海。2003年他再次申请，仍没成功。

但常进坚信，不成功并不意味他的方法不行。暗物质卫星探测器的想法，从2002年就在他的头脑里形成了。他做了无数次计算和试验，随着技术的进步，不断改进细节。

2008年，常进作为第一作者在*Nature*上发表文章，介绍了有关宇宙高能电子异常的发现。这一发现被美国物理协会和欧洲物理协会评为当年世界物理学领域的重大研究进展。评论普遍认为，该观测如果被证实，将是人类第一次发现暗物质粒子湮灭的证据。这引发了新一轮国际探索暗物质的热潮。

2011年中国科学院受国务院委托，组织实施空间科学先导专项，发展中国的科学卫星，暗物质粒子探测卫星被列为其中之一。

常进实现梦想的机会终于来了。

“我只是一名普通的研究人员，机会好才得到这个项目，必须珍惜。”常进说，“我最好奇天上究竟有什么奇怪的东西。科学试验像一个复杂的游戏，很有趣。但更有趣的是，怎样才能把那么多厉害的人团结在一起做一件事。空间科学项目多么复杂，一个人的作用有限，要靠集体的力量。”

验证“刀客”造出了“好刀”

手机短信一响，藏京京就紧张地抓起来看。

这位暗物质卫星高级数据产品处理分系统主任设计师的手机，可自动接收紫台机房的监控报警短信。自“悟空”发射后，藏京京每天清晨5点到监控厅上班，晚上接收完数据，还要分析到11点。他时刻惦记着机房里的四个机柜，那里存储着宇宙的核心秘密。

一次，藏京京半夜两点收到报警短信。他匆匆赶到机房，是空调坏了，机房温度已40摄氏度，如不及时处理，计算机一旦出问题，存储的数据就有丢失的危险。

计算机屏幕上让外行人感到枯燥的数字和曲线，他却整天看得津津有味。“我们在看人类从未观测过的东西，从中找到物理规律，这是最最让我们感兴趣的。”

“悟空”升空一个月以来，科学家们加紧开展标定工作，这就好比为“悟空”打造出测量宇宙高能粒子的精准“尺子”，每一个刻度都需要最精细的标定。“我们测量入射粒子的精度可以达到头发丝的百分之一量级。只有粒子入射方向测量准确，才能知道这些粒子来自宇宙何方。如果发现暗物质，就能知道暗物质在什么位置。”藏京京说。

藏京京2011年从中国科学院高能物理研究所博士毕业，在紫金山天文台看到了暗物质卫星的原理样机，认为是很有前途的研究，便加入了暗物质卫星项目。

卫星载荷初样曾三次运往欧洲核子研究中心做束流标定。做束流标定就是要验证“刀客”已经造出了“好刀”。

三次标定藏京京都参加了，每一次都要掉十斤肉。特别是最后一次，人手少、时间紧。由于这次测量的是光子，需要设置磁铁，试验更加复杂。“当时是夏天，磁铁发热，怎么都调不好。我们六七个人三天三夜没睡觉。”最后下了场雨，温度降下来，才终于把磁铁设置好。

“虽然辛苦，但这是为了追求梦想呀！”

未被挖过的红薯地

暗物质卫星科学应用系统总设计师伍健，46岁，高中时代的理想是通过核聚变解决能源问题。他报考中国科学技术大学时选择了与核物理相关的近代物理系，毕业后留校当老师。他教授的电磁学常常赢得学生的掌声。2008年，他加入常进的团队。

与很多当医生、公司老板的同学相比，搞科研很清贫。“但做自己感兴趣的事，能给我带来满足感。”伍健说。

他认为，高中时的理想有实用性，而寻找暗物质，是探索宇宙秘密。“探测暗物质要有好奇心，要动脑子。如果我们有发现，就是为人类提供了新的知识。”

“想想当年达尔文为何要自费坐着小船航海呢？一万个人都想不通呀，很多水手都病死了。他确实有种想探究世界是怎么回事，生命是怎么回事的动机。我们也想搞清楚别人不知道的东西。宇宙到底是由什么构成的？”

“科学上我们最关心的就是空白的地方，这是最容易有新发现的地方。好比一片红薯地，如果别人挖过很多遍，我们再去挖，是很难有收获的。”

伍健曾在苏黎世工作过两年，在丁肇中先生的研究团队做数据分析。他认为在国际大型试验中，中国科学家尚无法起到主导作用。“如果有科学发现，文章作者都是几百人。按照字母排序，我的W永远在后面。而现在再辛苦，是做我们自己主导的科学研究。”

2011年年底暗物质卫星项目启动以来，伍健再也没有过周末。伍健与常进约好，今年春节大年三十晚上，两人各带两个菜到办公室值班。

从井底到太空

“我的年龄比我的头发看起来要年轻很多。”38岁的范一中的头顶已有许多白发。

作为暗物质卫星科学应用系统副总设计师，他带领的团队要解读、判断“悟空”探测到的哪些信号可能来自暗物质，或其他有趣的天文现象。

卫星发射时，范一中是在紫金山天文台收听发射中心指挥大厅传来的声音。火箭升空后曾有十几分钟没有声音，不知成功与否的他紧张得浑身发抖。

出生在重庆农村的范一中，兄弟姐妹7人，1992年初中毕业，父母让他读中专，尽早工作。后来在兄嫂的支持下，他去西安读了大学。大学毕业后，他觉得自己更喜欢研究一些高深的东西。“我小时候对文学感兴趣，一直想成为作家。那时候看了很多霍金写的有关黑洞、宇宙起源的书，觉得太神秘了，就报考了南京大学天文系研究生，学习天体物理。”

有10年时间，他研究的是伽马射线暴，一种恒星死亡时非常奇特的超新星爆发现象。从南京大学硕士毕业后，范一中在紫金山天文台攻读博士学位，然后到美国、以色列、丹麦留学。2010年回到紫金山天文台应聘。领导对他说：“你要工作可以，但不能再做伽马射线暴了，要做暗物质，因为暗物质卫星接近立项，领导都很重视这个项目。”

从此，他迷上了暗物质。“它的确太神秘了。它最吸引我的地方就是我们现在对它几乎一无所知。它究竟有多重、寿命有多长，还有哪些物理属性，都不知道。探索一种完全未知的东西更具有挑战性。”

人类所知的所有浩瀚星海，只占宇宙的5%，在宇宙的绝少部分里，有颗尘埃般的蓝色星球，在这星球上，有一群像范一中这样的人，怀着对隐藏宇宙的浓厚好奇，不计得失享乐，夜以继日地忙碌着，为的是能破解宇宙的黑暗之谜。

05 54321，点火！

2015年12月17日8时12分04秒，搭载暗物质粒子探测卫星的“长征二号丁”火箭在中国酒泉卫星发射中心点火起飞。790秒星箭分离，卫星准确入轨，71秒后卫星姿态建立，太阳能帆板打开，标志着暗物质粒子探测卫星发射任务圆满成功！

图 5-1　火箭升空瞬间

大家给我起名叫“悟空”

不要着急啊！我深知起个好名字是蛮重要的呢！

在即将发射升空前夕，按照征名活动的相关规定，在数据统计的基础上，经过专家评委投票，由中国科学院批准，我国暗物质粒子探测卫星被正式命名为“悟空”。哈哈！

图 5-2　我的名字叫“悟空”

评委们说，悟空是中国名著《西游记》中齐天大圣的名字，“悟”有领悟的意思，“悟空”有领悟、探索太空之意；另一方面，悟空的火眼金睛犹如暗物质粒子探测卫星的探测器，可以在茫茫太空中识别暗物质的踪影。

暗物质既不带电荷，也没有磁场的相互作用，它能像幽灵一样穿过障碍物，且不被我们看到或感知到。对于大多数参与暗物质粒子探测卫星研制工作的科学家来说，它像一位素未谋面的朋友，既陌生又熟悉。将暗物质粒子探测卫星命名为“悟空”，将使社会公众和科学家们共同感悟空间科学之美，最大限度感知、领悟并解释暗物质的空灵之境，使得暗物质探测这一世界性的重大科学前沿难题成为国内外公众关注的焦点，提升空间科学在公众中的认知度和关注度。

悟空的形象家喻户晓，深得中国人民群众喜爱，具有良好的正面形象；与此同时，悟空的形象也被国际社会广为喜爱，“美猴王”（monkey king）之称也广为流传。将暗物质粒子探测卫星命名为“悟空”，符合将科学卫星以神话形象命名的做法，如阿波罗（美国）、尤利西斯（欧洲）、太阳神（美国、德国）、玉兔（中国），可充分借助新媒体传播的力量，是提升我国公众科学素养、培养科学精神，吸引青少年从小热爱科学、探索未知的有力抓手。

暗物质卫星升空记

12月17日清晨，酒泉卫星发射中心的气温降至零下15℃。观看中国暗物质粒子探测卫星发射的人们冒着严寒聚集在这里。眼前的戈壁滩，许多地方看上去犹如火星景色，褐红色地面上可见处处白色积冰。明珠般的金星挂在头顶上方。

虽然中国中央电视台已多次直播发射，但是，在距离发射架1500米处看去，景象仍然让人屏息。晨光初露，蓝白色的发射塔像是雕刻在一览无余的玫瑰色天幕上。乳白色的“长征二号丁”火箭立在塔的一侧，显得纤细秀美。它的头部搭载着质量为1.9吨的卫星。

图 5–3　火箭吊装在发射架上
（曲景亮摄 / 中国航天科技集团公司上海航天技术研究院提供）

来观看发射的有院士、中学生、物理教师、科幻作家、画家、记者、网站编辑、欧洲空间局专家等数百人。

有的人因为参与为卫星命名而受到邀请。几个月前，中国科学院等从全国征集卫星的名字，收到有效提案三万多个，经过投票，决定叫“悟空”。

这既寓意其神通广大，也是要“领悟太空”。

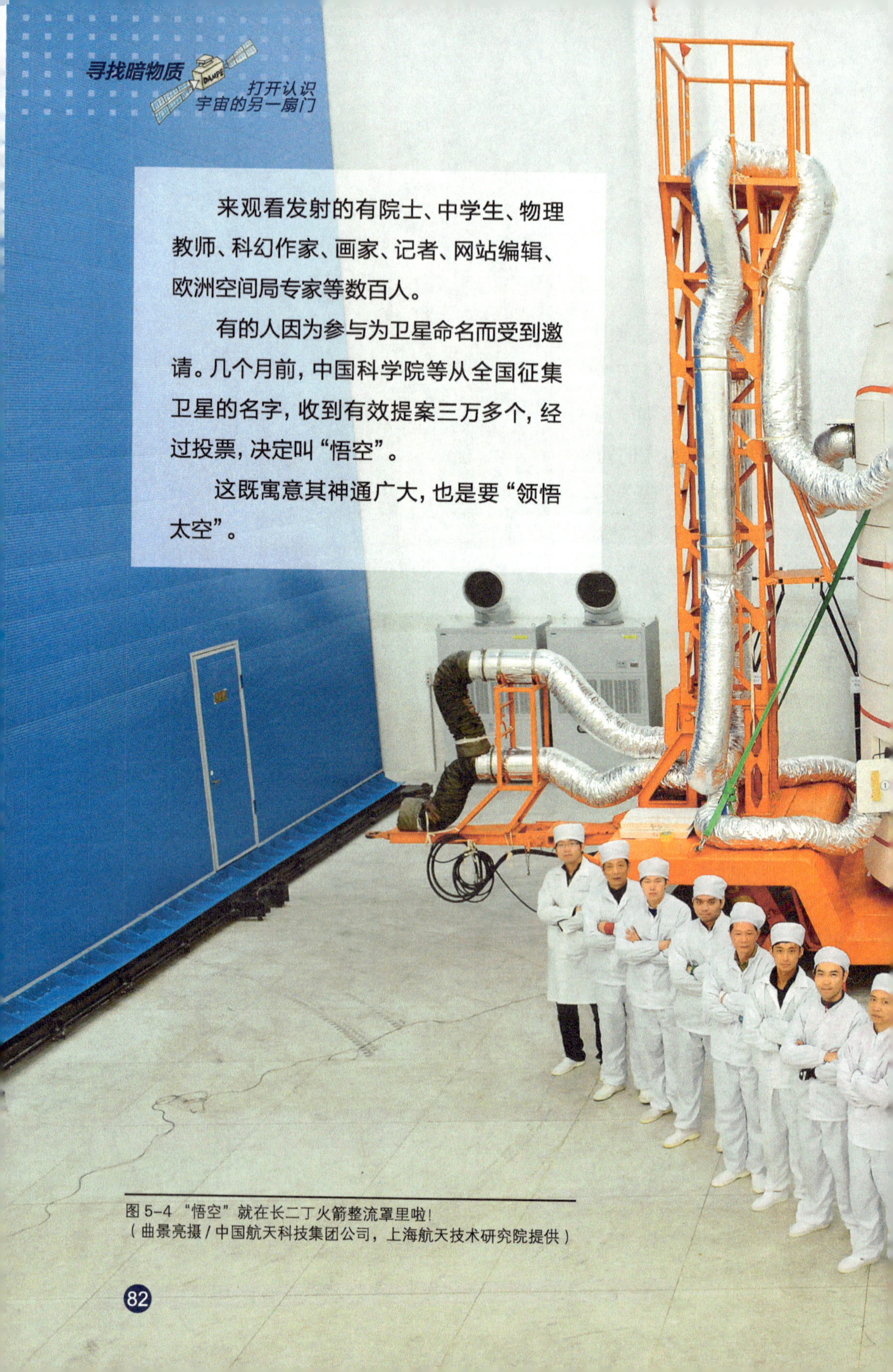

图 5-4 “悟空”就在长二丁火箭整流罩里啦！
（曲景亮摄 / 中国航天科技集团公司，上海航天技术研究院提供）

不知从什么地方隐隐传来口令声“发射十五分钟准备。”站在后排的一些人把脚踮起来，有的人举起望远镜。

一些车辆亮着灯从发射塔附近撤离。

8时12分，忽然，热烈讨论着“悟空”的人们停止了说话。

霹雳一声，火箭底部吐出黑红色的火光和浓烟，持续的震响让心脏快要跳出胸膛。

这是长征系列运载火箭第221次发射。发射者凌晨5时就进入了最后的工作状态。

按照惯例，昨晚，他们还去到基地烈士陵园，把要发射新卫星的消息告诉长眠在那里的人们。

火箭轰隆隆喷着烈焰上升，腾云驾雾般来到晨曦之上，进入到深蓝色的天空，很快越过了从观众角度看上去的金星的高度。

它变得比满月还要亮。

人群中响起一片掌声。

一个名叫张晨的、参与为卫星命名的女孩满面泪水。“舍不得它走。”她说。

火箭划了一个弧形，又朝另一颗晨星的方向奔去。“那应该是木星。”腾讯网太空频道的编辑桂林说。

两分多钟后，火箭一二级分离，这时人们仍能看到它。

不久，整流罩也分离了。空中出现几个亮点。

随后，它消逝在了视域中，只留下一小朵星云般的薄雾挂在天上。这时太阳还没有升起。137亿岁的宇宙中，好像什么也没有发生。

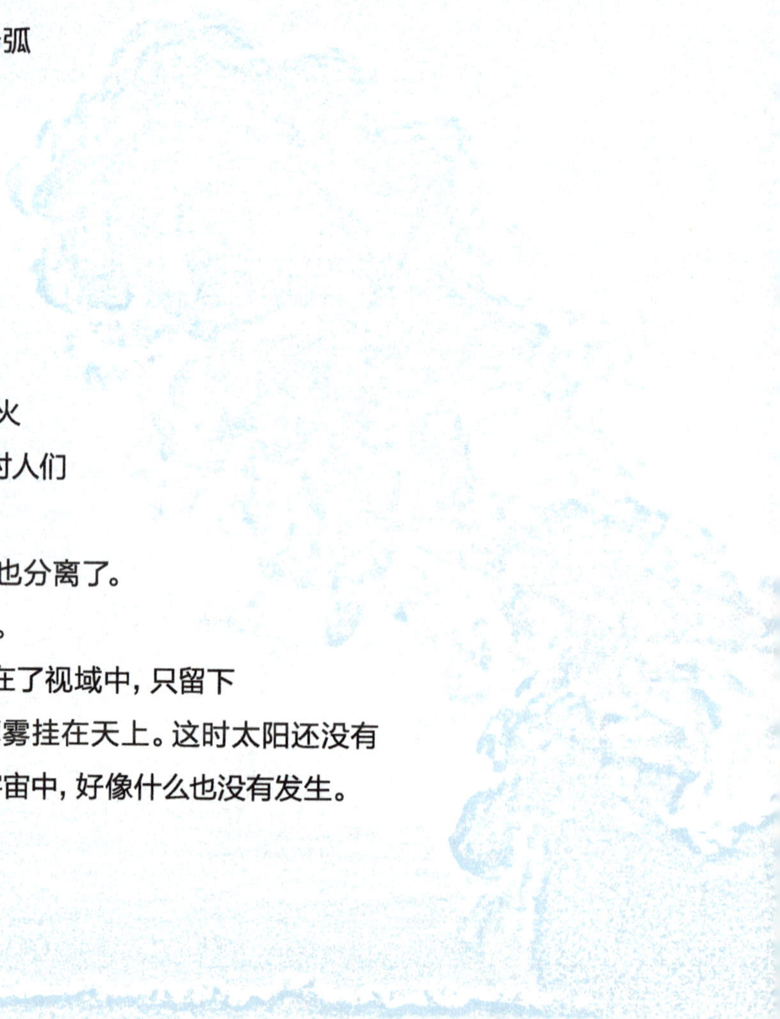

对人类和中国来说，这都是重要时刻。

“悟空”是同类装置中相关性能最先进的一个。

接下来，它要扫描太空，捕捉暗物质存在的证据。在我们这个世界上，电脑、手机、人体、金星、地球、太阳、银河系等“看得见”的东西，仅占宇宙质量的5%。另外的95%是看不见的暗物质和暗能量。它们究竟是什么？还无人能确切说清楚。

研究暗物质，是要回答“什么是宇宙”这个命题，弄清它是怎么来的、为何会是这样、今后会变成什么样子。宇宙是会继续膨胀下去，还是会坍塌呢？可以说，“悟空”正沿着柏拉图、亚里士多德、老子、庄子、伽利略、牛顿、爱因斯坦走过的路走下去。

目前，美国、日本、欧洲等许多国家和地区都在研究暗物质。

“悟空”是中国科学院研制的系列科学实验卫星的第一颗，属于基础科学领域。除了探索暗物质，它还要用于研究宇宙射线等。

这标志着始于半个多世纪前的中国太空探索，不仅仅是在满足工程应用和人类生存，取得直接的国防经济效益，还要深入解答有关宇宙命运的谜题。

（本节作者：韩　松　喻　菲）

韩松：新华社高级记者、著名科幻作家。

参考文献 Reference

艾弗琳·盖茨. 爱因斯坦的望远镜——探索暗物质和暗能量. 张威，上官敏慧译. 北京：中国人民大学出版社，2011.

安娜. 握手太空的航天科技. 北京：北京工业大学出版社，2012.

比尔·布莱森. 万物简史. 严维明，陈邕译. 北京：接力出版社，2005.

顾诵芬. 世界航天发展史. 郑州：河南科学技术出版社，2000.

凯瑟琳·弗里兹. 宇宙鸡尾酒——解开暗物质的神秘面纱. 黄珏苹译. 北京：人民邮电出版社，2015.

刘进军. 遥远的使命——空间探测器. 北京：航空工业出版社，2012.

斯蒂芬·霍金. 宇宙简史. 赵君亮译. 南京：译林出版社，2012.

扎比内·霍森费尔德. 通过十个事实了解暗物质. 老孙译. http://oicwx.com/detail/508394[2015-08-01].